"科学的力量"丛书
Power of science
第三辑

U0397785

"十四五"时期国家重点出版物

出版专项规划项目

Oxygen
A Four Billion Year History

生命之源
——40亿年进化史

[丹]唐纳德·尤金·坎菲尔德 著　　杨利民 译

上海教育出版社

SHANGHAI EDUCATIONAL
PUBLISHING HOUSE

"科学的力量"
丛书编委会

（按姓名笔画为序）

"科学的力量"丛书(第三辑)

序

科学是技术进步和社会发展的源泉,科学改变了我们的思维意识和生活方式;同时这些变化也彰显了科学的力量。科学和技术飞速发展,知识和内容迅速膨胀,新兴学科不断涌现。每一项科学发现或技术发明的后面,都深深地烙下了时代的特征,蕴藏着鲜为人知的故事。

近代,科学给全世界的发展带来了巨大的进步。哥白尼的"日心说"改变了千百年来人们对地球的认识,原来地球并非宇宙的中心,人类对宇宙的认识因此而产生了第一次飞跃;牛顿的经典力学让我们意识到,原来天地两个世界遵循着相同的运动规律,促进了自然科学的革命;麦克斯韦的电磁理论,和谐地统一了电和磁两大家族;维勒的尿素合成实验,成功地连接了看似毫无关联的两个领域——有机化学和无机化学……

当前,科学又处在一个无比激动人心的时代。暗物质、暗能量的研究将搞清楚宇宙究竟是由什么组成的,进而改变我们对宇宙的根本理解;望远镜技术的发展将为我们寻找"第二个地球"提供清晰的路径……

以上这些前沿研究工作正是上海教育出版社推出的"科学的力量"丛书(第三辑)所收录的部分作品要呈现给读者的。这些佳作将展现空间科学、生命科学、物质科学等领域的最新进展,以通俗易懂的语言、生动形象的例子,展示前沿科学对社会产生的巨大影响。这些佳作以独特的视角深入展现科学进步在各个方面的巨大力量,带领读者展开一次愉快的探索之旅。它将从纷繁复杂的科学和技术发展史中,精心筛选有代表性的焦点或热点问题,以此为突破口,由点及面地展现科学和技术对人、对自然、对社会的巨大作用和重要影响,让人们对科学有一个客观而公正的认识。相信书中讲述的科学家在探秘道路上的悲喜故事,一定会振奋人们的精神;书中阐述的科学道理,一定会启示人们的思想;书中描绘的科学成就,一定会鼓励读者的奋进;书中的点点滴滴,更会给人们一把把对口的钥匙,去打开一个个闪光的宝库。

科学已经改变,并将继续改变人类及人类赖以生存的世界。当然,摆在人类面前仍有很多不解之谜,富有好奇精神的人们,也一直没有停止探索的步伐。每一个新理论的提出、每一项新技术的应用,都使我们离谜底更近了一步。本丛书将向读者展示,科学和技术已经产生、正在产生及将要产生的乃至有待我们去努力探索的巨大变化。

感谢中国科学院紫金山天文台常进研究员在本套丛书的出版过程中给予的大力支持。同时感谢上海教育出版社组织的出版工作。也感谢本套丛书的各位译者对原著相得益彰的翻译。是为序。

南京大学天文与空间科学学院教授
中国科学院院士
发展中国家科学院院士
法国巴黎天文台名誉博士

国 际 评 价

呼吸的空气中氧气占 21%（体积分数）。有人可能认为这是理所当然的，但地球并不是一个一直充满氧气的星球。它是怎样变化的？唐纳德·尤金·坎菲尔德——世界地球化学、地球历史和早期海洋学的主要权威人士之一，探讨了这一段浩瀚的历史，并强调了它与生命演化及地球化学演化之间的关系。坎菲尔德引导读者徜徉于各种各样的科学证据之中，分析科学家在探讨过程中出现的一些错误和走进的死角，并重点介绍了在这一领域中取得重大发现的科学家和研究人员的事迹。本书展示地球大气是如何随着时间的推移而发展变化的，带领读者踏上非凡的旅程，穿越我们这颗星球氧化作用的历史。

本书对科学过程的详细描述展示了相互矛盾的假设和提出这些假设的科学家是如何竞相辩论争取获得最高地位的。坎菲尔德还提供了一个哲学视角：科学的理解提供了对自然界结构的真正洞察力。

——《出版者周刊》

叙事动人，内容权威。

——《自然》

本书属于科普类作品，但读起来都会觉得受益多多……本书能吸引人的是：书中探讨的大气中氧气的发现史，是一个不确定的世界，证据尚不完备，知识尚在发展之中，因此对数据资料的解释可能有不妥之处。

——伊恩·塞夫勒（IAN SCEFFLER）

《洛杉矶书评》

对那些有兴趣了解地球上氧气发现史的人来说，本书提供了一个理想的起点……书末的注解提供了有价值的条目，供探索某些特定知识点的读者使用。此外，这些条目还提供了一些个人的题外趣闻或资讯，而不破坏叙事的逻辑次序……我向任何对地球有兴趣的人强烈推荐坎菲尔德撰写的这本书，因为氧气让地球在许多地方变得特别与众不同。

——伍德沃德·W.费舍尔（WOODWARD W. FISHCHER）

《科学》

鸣　谢

　　我首先要向我所有的好朋友和同事表示感谢。他们努力以各种方式帮助解开现代和远古时代地球上氧循环的动力学问题。本书既是我的故事，也是他们的故事。随着故事的展开，你会逐渐了解这些人中的大多数。但是，我想强调以下几位对我的鼓舞，他们是：鲍勃·伯纳（Bob Berner）、蒂姆·莱顿（Tim Lenton）、罗伯·雷斯威尔（Rob Raiswell）、约翰·海耶斯（John Hayes）、李·坎普赫（Lee Kump）、彭妮·奇斯霍尔姆（Penny Chisholm）、艾德·德龙（Ed Delong）、尼克·巴特菲尔德（Nick Butterfield）、乔治·萨米恩托（Jorge Sarmiento），奥斯瓦尔多·乌洛亚（Osvaldo Ulloa）、布·萨姆德朗姆普（Bo Thamdrup）、布·巴克·约根森（Bo Barker Jørgensen）、安德烈·贝克尔（Andrey Bekker）、鲍勃·布兰肯希普（Bob Blankenship）、罗杰·别克（Roger Buick）、弗里茨·维德尔（Fritz Widdel）、尼尔斯·彼得·雷夫倍克（Niels Peter Revsbech）、马丁·布拉席尔（Martin Brasier）、杰克·瓦尔德鲍尔（Jake Waldbauer）、约亨·布罗赫（Jochen Brochs）、博格·拉斯穆森（Birger Rasmussen）、比尔·邵普夫（Bill Schopf）、保罗·法尔科夫斯基（Paul Falkowski）、比尔·马丁（Bill Martin）、戴夫·马利斯（Dave Des Marais）、约翰·沃特伯里（John Waterbury）、肖恩·克罗（Sean Crowe）、西蒙·波尔顿（Simon Poulton）、卡里亚恩·琼斯（CarriAyne Jones）、吉姆·卡斯汀（Jim Kasting）、米尼克·罗辛

（Minik Rosing）、克里斯蒂安·比耶鲁姆（Christian Bjerrum）、蒂姆·里昂（Tim Lyons）、阿里尔·安巴尔（Ariel Anbar）、斯蒂芬·本特森（Stefan Bengtson）、安迪·诺尔（Andy Knoll）、罗杰·萨姆斯（Roger Summons）、戴夫·约翰逊（Dave Johnston）、詹姆斯·法夸尔（James Farquhar）、尼克·莱恩（Nick Lane）、吉姆·戈林（Jim Gehling）、盖伊·纳波尼（Guy Narbonne）、泰斯·达尔（Tais Dahl）、丹尼尔·米尔斯（Daniel Mills）和艾玛·哈马朗德（Emma Hammarlund）。

我还要感谢诺德西（NordCEE）集团以及与该集团有较多联系的南丹麦大学、哥本哈根大学和瑞典自然历史博物馆对我的持续不断的鼓励。

故事中的许多大师已不再与我们在一起，但他们的思想依然在，并继续鼓舞着我。这些人包括：迪克·霍兰德（Dick Holland）、弗拉基米尔·维尔纳斯基（Vladimir Vernadsky）、普雷斯顿·克劳德（Preston Cloud）、卡尔·图雷基安（Karl Turekian）和鲍勃·加莱尔斯（Bob Garrels）。

本书出版的进程可谓时断时续。但是，我特别感激加州理工学院地质与行星科学部，尤其感谢我的主持人伍迪·费舍尔。是他提供摩尔奖学金，以支持我和我的家庭达两个月。这份支持富有成效，使我能够不被家庭生计而分心。

在写作过程中，我收到鲍勃·布兰肯希普、米尼克·罗辛、鲍勃·伯纳、泰斯·达尔、盖伊·纳波尼和艾玛·哈马朗德对个别章节的宝贵的反馈意见。我很感激比尔·马丁和坎普赫，他们对全书提供了反馈意见。我尤其感谢雷蒙德·考克斯（Raymond Cox）、蒂姆·里昂和我的复印编辑希拉·安·迪安（Sheila Ann Dean），他们的大量评论和编辑工作都使这份手稿得到显著改进。我还想要感谢我的编辑、普林斯顿大学出版社的艾莉森·卡勒特（Alison

鸣　谢

Kalett)的耐心和诸多反馈。本书的图像或生成图像的数据资料由米尼克·罗辛、艾玛·哈马朗德、詹姆斯·法夸尔、马特·萨尔茨曼(Matt Saltzman)、尼尔斯·彼得·雷夫倍克、肯·威利福德(Ken Williford)、马丁·范·克拉耐德克(Martin van Kranendonk)、布鲁斯·魏金森(Bruce Wilkenson)、比尔·邵普夫、泰斯·达尔、埃里克·孔德利弗、布·萨姆德朗姆普、雅各布·卓普菲(Jakob Zopfi)和劳伦斯·大卫惠予提供。

最后,我想要感谢包括丹麦国家研究基金会(Danmarks Grundforskningsfond)、欧洲研究委员会(氧气拨款)和阿杰朗研究所在研究经费方面的慷慨支持。

唐·坎菲尔德(Don Canfield)

于丹麦奥登塞(Odense)

前　言

如果你像我一样,那么你可能不会对所吸入和呼出的空气有过太多的思考,除非当空气闻起来很糟糕时。其实,我们周围的空气十分特别。我们周围的空气中氧气含量高达 21%。至少就我们迄今所知,只有地球上的空气能够达到如此高的氧气含量。这对我们大有益处,因为我们是大型动物,需要大量的氧气才能维持生存;其他有皮毛的动物朋友诸如猫、狗、牛、鸡、羊、猪以及我们赖以为食的其他动物,也无不如此。有氧气时燃烧才可发生,我们的房屋才得以暖气洋洋;秋日之夜,在野外才能够燃起篝火,驱赶凉意。简言之,氧气是地球的一大鲜明特色,唯其在大气中的高含量,才有我们的踪影存在于地球。地球上的动物也普遍地依赖于大气的高氧气含量这一特性。

鉴于地球上氧气的重要性,我们或许会思考一系列问题。例如,氧气从何而来? 为何大气的氧气含量如此高? 是什么控制着这一重要气体在大气中的浓度? 或许,我们还想进一步追问:是否氧浓度一直维持在高浓度? 如果不是,那它是如何随着时间的推移而变化的? 如果回答"是",那又是为什么? 最后,鉴于氧气对于目前生物圈的重要性,是否有迹象表明,大气中氧气含量的历史与地球上生物演化的历史有什么关联?

本书就是关于地球表面的大气中氧气的历史的。我将在接下来的篇幅里回答这些问题。先给出一点预告,其中一个无可争议的

1

结论是:氧气调节是一种全球现象,氧气含量得以维持在高水平是因为生物学过程和地质学过程之间奇妙的相互作用。这种相互作用的本质会随着时间的推移而变化,从而形成氧气演化的丰富历史。这一历史过程,以及我们了解这段历史过程的过程,将在本书后续篇幅中得到展示。

这个故事也是关于揭开这一段氧气演化史的人的故事。事实上,了解这段历史已经成为一个广受欢迎的课题。现在,许多科学家都在参与这个课题的探索。许多研究者彼此都是好朋友和同事,他们都投身于这项丰富多彩的工作。故事里有创派立说的大科学家,也有启发前进道路,让他人——其中也包括我自己——紧随其后的富有远见卓识的先觉者,其中有些人领先于他们的时代几十年。

本书也叙述了我们是如何获得这些已知知识的。我提供了这方面的证据。证据大多数是基于古代沉积岩里留下的线索。这些证据有的保存完好,有的保存不那么完好,特别是我们看到有些岩石非常古老,已遭受到时间的摧残。但是,对于这些地质记录的保存是故事的一部分,我们必须充分利用这些证据,也就意味着有时我们无法得出确凿的结论。像这样的不确定性往往也是科学过程的一部分,所以我将予以注意。尽管如此,我们还是可以从多方面的证据来观察一个问题。并且,鉴于奥卡姆剃刀原理[1],我们通常就所引用的数据包含的意义引入一个合理的工作假设。我尽量突出随着资料更新、丰富,得到了更好的解释,观点也随之而发展的事例。

但并非所有的证据都来自地质学。本书中包含一部分重要的生物学内容。有时,我们需要观察现代生物和现代生态系统,以了解它们是如何运作的。如此则可提供重要的线索,帮助我们了解古代世界是如何演变的,特别是了解那些地质记录难以提供的细节。

我们还必须考虑生物进化。例如,生物产氧是如何产生的? 这是一个很有吸引力的故事。

有时我们还需要了解复杂的问题,如光合作用是如何进行的,如何利用同位素来解释氧气的发展历史。我尽力在介绍难懂的原理时辅以足够的背景知识,以使处于不同层次的读者都能理解这些原理。同时,利用注解详细解释原理和过程,以便专家和非专业人士都能看懂。但是,读者不一定需要阅读这些注解,除非读者想要了解更多的内容。

最后,这是一个关于时间的故事,而且时间的跨度很大。地球这颗行星大约有 45 亿年的历史,约是宇宙年龄的三分之一。我大学时学习化学,至少在科学上,我对时间的经验仅限于一个化学反应的几个小时或几天。每个人的一生与地球的年龄相比只不过是转眼一瞬间,所以对于我来说,要想象漫长的地质年代变迁事实上真非易事。地质年代的漫长对我们想象诸如生物进化或造山运动的缓慢过程如何推进,真是一大挑战。现在,我对于地质年代之久长,对于演化和地质过程的时间尺度较为适应了。但是,这一过程的时间长度远远超过人类生命的长度,我对于感知这一过程中的困难感同身受。无论如何,地质年代之久长早在几个世纪前就已被认识,在詹姆斯·赫顿(James Hutton)1788 年的经典著作《地球论》中已经成为定论:

因此,我们目前的探索结果是,我们找不到地球初始年代的遗迹——也看不到它的尽头。

赫顿的书出版后不久,人们发现可以在某些岩层中识别出清晰的化石组合。这对于鉴定可能具有经济效益的岩层有实际用途,显然,这些岩层还可以划分、细分和年代测定。年代测定的一个关键原则是丹麦博学家尼古拉斯·斯丹诺(Nicolaus Steno)在 17 世纪制定的一个简单推论:地层上下重叠时,上位地层比下位地层新,称之为地层重叠法则。

　　主要的划分通常是依据独特化石群的消失或出现,以及将一种裸露于地面的岩层与另一种相联系。这些划分可以在不同的地方被识别出来,最终可以在全球被发现。这些划分被赋予不同的命名,并且随着放射性同位素测年法得以应用,岩石的年代更可以被精确测定,从而制定出地质年代表,如下图所示。这是我们的路线图、测量杖,它处于地质学的核心位置,就像元素周期表处于化学的核心位置一样。这些划分有多种级别,从宙(数亿年至数十亿年)到代(数千万年至数亿年),再到纪(数千万年),最后是期(数百万年),图1所示是一个缩写的版本,包括本书所涉及的一些重大事件和地点。

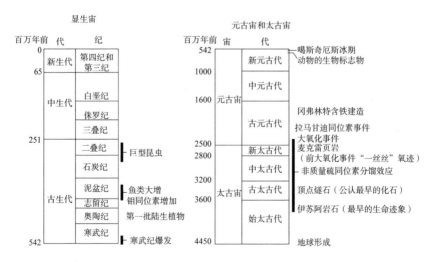

图1　地质年代表,列出本书重点介绍的重大事件。地质年代跨度来自格雷斯忒恩(Gradstein)的研究(2004)

前　言

　　写作本书既是赏心乐事,又是无穷无尽的学习体验。我很高兴能够将自己的思考专注于一些一直没有定论的问题,并跟踪书中呈现的诸多思想的历史发展。写作的唯一负面感受是让我认识到,无论对于哪个既定的问题,我所能讨论的只能是相关文献中的一小部分。所以,对于一些未能在书中提及的同事和朋友,我深表歉意。但他们的工作并没有被忽略。尽管本书需要节省篇幅,但我仍希望本书能代表这一领域最新的观点。不过,再过三十年,本书的内容很可能还要更新,新版会大大不同,希望读者能够喜欢。

谨以此书献给我的父亲，
尤金·大卫·坎菲尔德，我的指路明灯。

目　录

第一章
地球简说

　　我经常坐火车往返于奥登塞和哥本哈根之间。火车刚从灵斯泰德(Ringsted)车站开出,我望着窗外。这是典型的丹麦乡村风光,农田毗连着森林。田野里,牛群在懒洋洋地吃草,牛群后面,一个农民在割干草。空中,一只鹰在还没被割过的草地里寻找鼠类。我喜欢这样的景色,它让我想起俄亥俄州的乡村,我就是在那里长大的。这样的景色平淡无奇,但却令人宁静和舒坦;朴实无华,也让你难以矫揉造作。我眯眼望去,眼前的景色融成一片绿色;远处,一头头奶牛化成一个个幽灵。我再次睁开眼睛,火车正穿过一小片茂密的森林(至少在丹麦称为森林)。我思绪万千,回顾着先前所见。丹麦是一个小国,土地,包括森林,受到严格的管理,所以生物多样性不是很高。你可以去哥斯达黎加或巴西的热带雨林,你会对热带鸟类、青蛙、昆虫和丰富的绿色植物有深刻的印象。但是,即使在丹麦,在一片绿色风光中,生命还是丰富多彩的。事实上,不管你怎么看,地球上,生命形形色色,确实丰富多彩。但令我至今沉思的问题是:这是为什么?

　　有人可能认为,我们所看到的所有生命都只是地球上漫长的生物进化历史的结果。我的同事和好朋友,哈佛大学安迪·诺尔(Andy Knoll)在他的专著《一颗年轻行星上的生命》中记载了地球历史前40亿年中生命形态的变化。他展示各种各样的生物创新,如产生氧气的光合作用的出现,从根本上影响了生命的历史。在能

1

产生氧气的生物首先进化之后,其他利用氧气的生物随之进化,进而品类不断增多,还不断繁衍后代,并进化出其他利用氧气的生命形式,最终导致动物的出现,动物是地球上所有生物中最具生物学复杂性的生物。没有氧气,就不会有动物。所以,在生物进化过程中,生物创新就已经形成并界定了生物圈。但是,仅仅是进化就能解释我们这个星球上生命的多样性吗?

为了考虑这个问题,我们很快比较了地球和火星。科学家仍然坚持火星上有可能存在生命。毕竟,火星和地球的年龄是一样的,有若干证据表明,火星上至少偶尔会有地表水和地下水。就在我写作本书时,美国国家航空航天局(NASA)好奇号火星探测器正在探索火星表面,寻找水的迹象,以及水如何与火星表面的环境相互作用的线索。正如在下文进一步讨论的,也是人们所坚信的,有水就可能有生命。然而,如果火星上有生命,它不会像《无名镇里的那些人》(Whos in Whoville)中的人那样上蹿下跳,叫喊着:"我们在这里,我们在这里,我们在这里!"相反,如果外星的探索者也像我们现在探测火星一样探测地球,他们不可能忽略地球上丰富多彩的生命。问题很简单,为什么地球上有那么多生命?

为了回答这个问题,我们暂时不考虑进化,从一个更基本的问题开始:至少就我们已知的生命而言,生命需要的基本成分是什么?当我消化午餐中剩下的意大利千层面时,这是在宣告吃一定很重要。但是,并非所有生物都能吃千层面。我想有整整一大类生物,它们完全不吃任何有机物质,而是以简单的无机物作为材料制造自身的细胞。植物就是适应这样的"饮食"方式,利用太阳能,它们以二氧化碳和水为原料合成细胞生物质和氧气。

许多其他类型的生物也适应这样的"饮食"方式,它们中的大多数生物都不使用太阳能作为能源。相反,它们通过无机物之间发生的氧化还原反应来获得能量。反应过程中,电子发生转移。为了进

地球简说

一步探究这一想法,让我们以盐为例来说明:把盐放到水里,它会溶解,这个过程会放出能量。但这种能量不能生成生物。没有电子转移,氯化钠晶体中氯原子和钠原子所具有的电荷与在溶液中一样。再分析奶牛,奶牛的消化系统中有大量微生物,其中很多微生物能生成甲烷,即所谓的产甲烷菌。它们能使氢气和二氧化碳发生化学反应,生成甲烷气体。这种产甲烷菌生长得很好。它们不利用光,但有电子转移,产甲烷菌很快乐,奶牛大概也活得很好。因此,生命的基本必需品是能量,这些能量或来自光或来自不同的氧化还原反应[1]。下一章中,我们将更详细地讨论这些问题,现在足以能够突出能量对生命的重要性。

能量至关重要,但我们也需要其他要素。细胞主要含有碳、氧、氢、氮、磷和硫等元素,再加上一大批微量金属和其他元素。所有这些物质在构成基本细胞组分时都至关重要,如细胞膜、遗传物质(脱氧核糖核酸 DNA 和核糖核酸 RNA),以及细胞运作涉及的所有蛋白质和其他分子。

生命的另一个基本要素,至少就我们已知的生命而言,是一个稳定的液体(即水)环境。生命喜欢潮湿!当然,许多生物已经进化到可以生活在地球这颗行星的无水地带,但是它们仍然全都需要水才能维持生存。人类也是一样,但人类只把水保存在机体内部。所以,不管是沙漠里的仙人掌、蜘蛛、蛇、树或最小的细菌,都需要水。如前所述,这就是为什么在我们的太阳系之内和之外寻找生命就相当于寻找液态水的一个原因。"等等,"你可能会说,"我听说在某些情况下,海洋中的冰块甚至冰川中的冰块里有小型细菌和藻类生存。"非常正确。但如果这些生物是活的并在生长[2],它就有办法获得液态水。就海冰而言,可能是海冰形成过程中析出的盐形成海水通道,或者就冰川而言,高压导致海底附近的冰融化,为生物提供液态水环境。"那么,"你可能会补充说,"我听说活的生物的最高体温

3

记录大约是 120 摄氏度(248 华氏度),远远高于地球表面水的沸点。"这也是真的,但是这些生物只有在高压条件下(如在深海中)才会被发现。那里,水的沸点超过生命的体温上限。

水到底有什么了不起?首先,水的性质很特殊。水分子的结构是双极性的,即它的一端稍带正电荷,另一端稍带负电荷。这一特点使水能溶解各种离子化合物(离子带有电荷),其中许多是构成生命的组成部分,包括营养物质如硝酸盐、铵盐、磷酸盐等,它们形成DNA、RNA 和细胞膜以及众多其他物质包括硫酸盐和各种微量金属的关键组成成分,都有助于构建细胞的生化机制。这些物质不仅可以溶解于水,而且可以通过水的扩散和平流作用进行转运。转运是向细胞提供这些物质的方式。水还充当把废物从细胞中导出的媒介。

水分子的双极性也有助于细胞膜的形成。细胞膜把外部环境与细胞的内环境分隔开,生命活动是在细胞内进行的。细胞膜是由特殊的(磷脂)分子构成,其分子的一端含有亲水的化学基团(亲水性),另一端含有疏水的化学基团(疏水性)。在细胞膜形成的过程中,亲水端向水相方向延伸,疏水端与其他水分子的疏水端并排连接——它们的亲水端又向相反的方向延伸。这种脂质双层膜形成一个圆形,称为细胞膜,将细胞内部与外部环境分离。总之,从水能溶解和运输生命化学成分的能力,到它主导细胞膜结构的能力,水都是独一无二的化学物质。

可能我们的思维太过狭窄,太过以地球为中心。水是生命之液,因为水的性质对我们已知的生命类型而言是完美无缺的。也许不同类型的生命可以在不同的溶剂中进化,具有不同的性质。很难排除这种可能性。人们有时也会想到有潜在替代的其他溶剂,包括氨、甲烷、硫酸或氟化氢(HF)。在适当的温度和压强下,它们具有一些(但不是全部)水的性质。除了大量的科幻小说和电影之外,也

地球简说

不乏关于这个迷人主题的富有意义的科学文献。然而,这些另类的设想与讨论大多属于推测,甚至可以说是想象。因此,我要走的是一条简单的路:就我们所知,水是生命的完美的并且是唯一的溶剂。

总之,我们已经强调生命的三个基本要素,即能量、构成细胞的化学成分和水。我们将看到,这三要素中每一个都与地球的特殊性有关联。

我们先从水说起。地球是一个有水的星球,这已经不是什么秘密。从美国国家航空航天局(NASA)在太空拍摄的我们这颗"蓝色星球"引人入胜的图像,到塞缪尔·泰勒·柯勒律治(Samuel Taylor Coleridge)的《古舟子咏》(*Rime of the Ancient Mariner*),都令我们回想起地球表面无边无际的海洋。我们不会详细讨论为什么地球上会有这么多水——很可能是由早期来自地球内部排出的气体结合而成的,或是由彗星带过来的,而是关注为什么所有的水都是呈液态的。这个问题的答案是:地球表面的气温适宜,在水的沸点和冰点之间。但这又是为什么呢?这里,至少部分地,是我们很幸运。我们可以这样想:地球与太阳之间有一定的距离,由其运行轨道决定;太阳有一定的亮度,这又取决于太阳的大小和化学成分。

地球从太阳截获热量的多少取决于这两个因素的结合。然而,因为太阳系的所有行星都是从同一个太阳获得热量的,让我们把离太阳的距离作为关键的变量。容易想象,如果地球离太阳更近,地球会得到更多的热量;如果离得更远,地球得到的热量就会较少。事实证明,地球离太阳的距离所获得的热量足以维持液态水持久存在。假如地球像金星那样离太阳较近,那么地球表面的气温就会太高,液态水就会沸腾,因蒸发而进入大气层,即所谓失控温室效应。一些水甚至可能经化学过程完全消失在平流层里。假如地球像火星那样离太阳较远,地表就会变得太冷,因此就会结冰。离太阳(或事实上离任何其他恒星)距离最适宜的地带,即能维持液态水持久存在的地带,称为可居住地带,有时也称为"金发姑娘区"[3]。

与太阳之间的距离只是事情的一部分。地球表面的大气层中有温室气体,其温室效应有利于地表温暖。倘若没有温室效应的保温作用,那么由于地表反照率[4],地球表面气温将在零下 15 摄氏度(5 华氏度)。因此,发现一颗恒星的宜居带,其所涉及的因素比上述所说的更为复杂,需要做相当复杂的热平衡计算。这在几十年前就进行过首次尝试,但最广泛被提及的是 1993 年宾夕法尼亚州立大学的吉姆·卡斯汀(Jim Kasting)和他的同事丹尼尔·惠特米尔(Daniel Whitmire)以及雷·雷诺兹(Ray Reynolds)提出的模型。吉姆一直是这方面的领军人物,他把大气化学动力学知识应用于理解地球的大气层和大气层之外的大气两者的演化。为了解决宜居带问题,吉姆试图通过他的模型,用大气中二氧化碳(CO_2)水平的改变解释行星为何得以保持液态水。因为二氧化碳水平决定温室效应的温度。人们容易想象,对应不同的太阳光度,会需要不同的大气二氧化碳水平以维持适宜居住的环境,而恒星的光度基本上就是恒星的强度;太阳光度的差别可以根据一个人离开或接近恒星预测。在我们的例子中,恒星就是太阳。

在吉姆的模型中,大气中的二氧化碳浓度高到能形成二氧化碳云的地方,就是宜居带的外边缘。这些二氧化碳云挡住太阳辐射,使之不能到达行星表面,行星的反照率因而增大。最终的结果是星球发生冻结。吉姆的模型还有其他考虑,我们放到最后讨论,此处从略。吉姆和他的同事得出结论,火星可能在宜居带之外。同样,金星也位于宜居带之外。那里的太阳光度太大,即使大气中二氧化碳含量极低,导致温室效应最小,金星表面还是太热,以至于水都变成水蒸气,这就会造成失控温室效应和极高的地表气温,因为水蒸气也是一种温室气体(并且是现代地球上最重要的温室气体)[5]。

根据吉姆的计算,宜居带的内边缘可能位于太阳到地球之间距离的
95％处,这比我们距离太阳近 450 万英里。吉姆的计算结果如图
1.1 所示,我们是幸运的,地球位于太阳的宜居带之内。

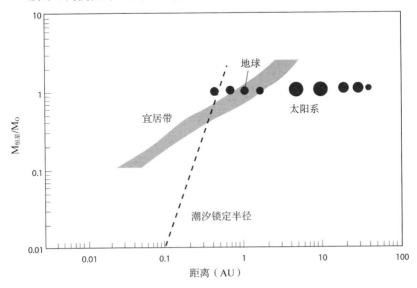

图 1.1 吉姆·卡斯汀和同事们计算出的宜居带,包括我们太阳系的八大行星
(以及冥王星)的位置。一个天文单位(AU)是地球与太阳的距离。纵坐标表示
恒星的质量与太阳质量的比值。在行星离恒星的距离小于恒星的潮汐锁定半径
处,行星被锁定,只能以相对于行星围绕恒星公转的时间的较小的整数值,围绕
其轴自转(水星绕着太阳公转 2 次,自转 3 次)。在某些情况下,行星可以1∶1的
自转与公转比例绕轨道公转,行星总是以同一面朝向恒星。小恒星的宜居带内
的行星都处于潮汐锁定半径之内。图片来自卡斯汀的研究(**2010**)

　　如果这是真的,为什么我们坚持要探索火星上生命的可能性呢?
没有证据表明火星上有持续存在的地表水,至少现在没有,这与吉姆
的“宜居带”观点相符。但经过几十年的卫星探测和地表探测,包括最
近成功的火星探测器勇气号和机遇号火星探测车(MER),以及火星奥
德赛(Odyssey)轨道飞行器上的高分辨率热成像系统(THEMIS 图像
仪),都显示火星上曾有水流动,至今偶尔还会在火星上流动。这可以

由各种隧道、沟渠、水池和沉积岩得到证明。这些岩石得以形成，最好的解释是水的作用。事实上，好奇号探测器最近在火星表面降落，就在我写作的时候，它正在探测着陆点周围的情况。着陆点看起来似乎是一个古老的河床！所有这一切都是对现场土壤表面及其下方的水的光谱观测的补充。因此，火星显示出在宜居带以外可能有液态水存在，至少偶尔存在。但是，与地球形成对比的是，倘若火星上真的存在生命，也不是明显可见的，而且其生命形态的丰富性和发生率似乎都受到限制。因此，火星没有也不可能支持我们在地球上所见到的大量生命。

　　吉姆·卡斯汀的宜居带计算里有一个隐含观点：在很长一段时间里，地球实际上是在自我调节温度。这个想法最初是由宇宙学家卡尔·萨根（Carl Sagan）提出的。萨根对我们理解行星大气层的组成作出很大的贡献。他帮助构建了关于在宇宙中寻找生命的讨论。他通过公共广播系统（Public Broadcasting System）的《宇宙（COSMOS）》节目给那些对科学感兴趣的人带来很大的启发。该节目最初在1980年播出。但更重要的是，他和同事乔治·马伦（George Mullen）提出了一个问题：为什么地球在其早期历史时期，当时太阳远没有今天那么亮，却没有冻结[6]。地质证据表明，早在42亿年前，液态水就或多或少地持续存在。但是目前地球大气中存在大量温室气体，在早期太阳光度较弱的环境下，地球应该是冻结的。这就是众所周知的"黯淡太阳悖论"。萨根和马伦认为，这一悖论可以用存在高浓度的温室气体（如氨和甲烷）来解释。这些气体在我们现在的富氧大气中是不稳定的，但早期地球的大气层中氧气含量不高，所以有可能存在。但是，很快就有人指出，即使是在无氧的环境下，氨也是光化学不稳定的。对这个模型来说，这可是个严重的问题。然而，随着科学的飞跃发展，吉姆·沃克（Jim Walker）、保罗·海耶斯（Paul Hays）和吉姆·卡斯汀认识到，二氧化碳很可能是减缓早期地球冻结的温室气体。好吧,二氧化碳可是挑了大梁。但是,这一看法仍有很多需要探讨的地方,因为沃克、海耶斯和卡斯汀还提出一种事实上能调节地表气温的机制。

这种机制的逻辑是这样的:二氧化碳不断地从地球内部进入大气层,而二氧化碳来自火山和大洋底部的热液喷口处。然而,如果我们仔细观察,就会发现,这些二氧化碳至少大部分来源于地球在板块构造过程中的持续扰动。事实上,地球内部的热量(在中央处大约是5 000摄氏度)损失引起地幔(地壳下面的地层)移动和融合,这一过程称为对流。对流形成火山喷发区,主要喷发进入海洋中,并将地壳划分成一系列移动的板块,覆盖于其下的地幔之上。随着在这一过程中新的洋底形成,旧的洋底被注入地幔之中,这一过程被称为俯冲作用(如图1.2所示)。这是一个剧烈的过程,大多数情况下会引发大地震,山脉耸起主要也是由此而来。由此,二氧化碳被释放进入大气层。但是,它没有一直被积累起来,事实上,它被一个称为化学风化作用的过程不断地移除,即二氧化碳与地球表面的岩石发生反应[7]。风化作用的一个特别令人感兴趣的方面是它对温度敏感:温度越高,风化作用速度越快。

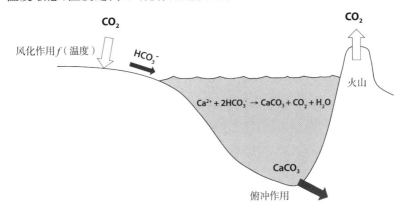

图1.2 调节地球表面温度的碳循环。依据卡斯汀的研究结果重新绘制(2010)

9

从这一思想出发,我们可以想象行星的温度调节是如何实现的。倘若大气温度由于某种原因升得太高,风化作用速率就会增加,二氧化碳就会更快地从大气中被移除。二氧化碳移除量增加反过来导致大气中二氧化碳浓度下降,温室效应减弱,导致大气温度下降。所以,二氧化碳浓度、大气温度以及由风化作用而产生的二氧化碳移除率三者之间达到一个平衡点。假设由于某种原因,地球完全冻结。在地球的历史进程中,这类事可能曾发生过几次。如果是这样,我们不用担心,至少从地质年代之漫长考虑时是这样。板块构造运动使二氧化碳持续不断地进入大气层中。如果没有液态水,就不会有二氧化碳因风化作用而被移除,于是二氧化碳浓度就会一直上升,直到大气温度上升到冰融化的程度,然后风化作用再次开始。

风化作用过程中,二氧化碳被转化为一种可溶性离子,即碳酸氢根离子(HCO_3^-),沉积于海洋成为像方解石和白云石那样的矿物质(蛤蜊壳和珊瑚礁即是这类物质)。这些矿物质在俯冲作用过程中,又被分解为二氧化碳,完成一次循环。概括地说,地球通过岩石的循环变化(也称岩石循环)形成对大气温度的主动控制机制,这种机制是在地幔运动与板块构造运动相关过程共同作用下形成的。因此,板块构造运动也是使地球在漫长的历史中持续存在水的关键因素。

这是一个美丽的故事,但它是真的吗?我认为这个故事一定是真的,至少在大致的细节上是真的。然而,一些地质证据表明早期地球的大气中二氧化碳浓度太低,以至微弱的太阳光无法温暖地球[8]。吉姆·卡斯汀再次讨论,提出甲烷可能是地球早期历史中一种主要的温室气体,使人想起萨根和马伦。这将有助于解释二氧化碳浓度低的问题[9]。这种猜测也许是正确的,但是甲烷循环不像二氧化碳那样能起到强大的温度调节作用。最近,米尼克·罗辛(Minik Rosing)及其同事(文中将会在第七章再次提到米尼克·罗辛)认为,也许人们对这个问题的思考一直是不正确的。事实上,他们提出,也许早期地球的反

地球简说

照率比现在要低得多[10]，所以不需要那么多的温室气体来温暖地球。吉姆·卡斯汀对这一想法不甚满意，但大气中低浓度的二氧化碳既符合古代二氧化碳水平的地质学证据，又能产生足够的温室效应，使地球在微弱的阳光下保持温暖。因此，随着时间的推移，由沃克和卡斯汀提出的二氧化碳调节机制仍然适用于地球温度的变化规律，即使古代的二氧化碳浓度比我们想象的要低。

现在回到最初的问题。有水是一回事，但维持一个物种丰富的生物圈是另一回事。正如本章开头所说，地球表面几乎到处都有生命。但是，地球是如何支持生命的呢？我们先做一些计算。地球上依赖光合作用的生命，以目前的光合作用速率，将在 9 年内耗尽大气中所有的二氧化碳[11]。同样地，海洋中依赖光合作用的生命将在86 年后会耗尽所有可用的磷，而磷是水生植物和藻类所需的关键营养物质[12]。如果这是真的，我们怎么能在如此漫长的时间范围里维持那么多的生命？部分原因是，大部分的二氧化碳和存在于植物、藻类中的营养物质在这些生物死亡后，会被各种各样的生物消耗和分解，如大熊猫、细菌，从而被释放返回环境中。但是仍然有一些植物物质和磷并没有被释放返回环境中，而是被埋藏在沉积物中，最终形成岩石。如果我们根据这些损失速率重新计算，将会发现二氧化碳将会在 13 000 年内耗尽[13]，磷会在 29 000 年内耗尽。这两个时间相对于地球上已经存在了数十亿年的生命、居住在地球表面的数亿年的植物和动物相比，仍然太过短促。对此，该如何解释？

答案其实很简单。我们运用板块构造运动即可回答，如同用板块构造运动解释"黯淡太阳悖论"中二氧化碳的作用一样。幸运的是，当物质被埋藏于地球的海洋沉积物中时，它们并不是永久地被埋藏在那里。地球的板块构造运动使这些沉积物不会被永久地埋藏。经过俯冲作用、造山运动和海平面的变化（海平面受板块构造和气候的影响），大部分海洋沉积物将再次暴露在风化作用环境中。

在风化作用过程中,有机物质被转化为二氧化碳,磷被释放回到溶液中,而维持生命的所有其他成分再次被用来维持生物的生长。这里的关键在于,地球上生命的规模是可能的,因为生命的构成成分会在地球的板块构造运动中得到有效循环利用。两百多年前,詹姆斯·哈顿首次提出该理论,我们在序言中也曾提及詹姆斯·哈顿。他在著作《地球理论》(*Theory of the Earth*)(1788)中写道:

地球内部的地内热量、不可抗拒的扩张力最终使海洋底部积聚的沉积物固化,由此形成在海洋水平面之上的大块永久陆地,以维持植物和动物的生存繁衍。

最后,能源怎样呢?关于能源,在下一章中我会作详细的叙述,尤其是关于生命所需能量的类型,其中有很多类型的能量是读者通常不会想到的。尽管如此,供给现代地球生物圈的大部分(可能超过99%)能量最终都来自太阳,使植物、藻类以及微生物(也称蓝细菌,在后面的章节中会提及更多关于蓝细菌的信息)进行光合作用,产生有机物和氧气。这些光合作用的产物在地球食物链中进行生物重组。例如,海洋里的桡足类动物吃海藻,小鱼吃桡足类动物,大鱼吃小鱼,大鱼再被更大的鱼吃。这些鱼死后就被各种各样的细菌分解,细菌接着又被其他生物消耗。生物链一直持续下去,但最终,生物链是由光合作用生成的有机物和氧气提供能量。然而,如上所述,生物体产生氧气,带动生物圈,但构成生物体机体的原材料却是通过地球板块构造运动得以循环利用的材料。因此,虽然太阳供给能量,但是板块构造运动循环利用基本生物组分的速率控制着节奏。

总而言之,我们必须承认,地球是一个非常美妙的生命载体,它在太阳的宜居带里泰然而居。此外,地球活跃的板块构造运动控制着地表环境的温度,提供源源不断的液态水,并让不同生命所需的基本组分得以循环利用。正如我们在下一章会看到的,同样的板块构造运动可能也为最早的生物圈提供了最佳的条件。

第二章
先氧时代的生命

　　这简直就是我的人生之旅。"你有幽闭恐惧症吗?"一个男人问。"没有,完全没有。"我撒谎道[1]。"好,"他回答道,"不管你做什么,不要碰红色的把手。只有在紧急情况下才可以使用。"他还告诉了我几条指令,然后舱门关闭,我们与吊车分离。我们在海浪中自由地上下颠簸,我期待着下沉。

　　我正坐在美国一流的深海潜艇阿尔文号(Alvin)里。和我在一起的有我的好朋友和同事博·巴克·约恩森(Bo Barker Jørgensen),他现在任职于丹麦奥胡斯大学,还有我们的驾驶员吉姆(Jim)。阿尔文号于1964年首次服役,在此后的几十年里,它一直是深海探索的主要工具。一个专门的支持团队让阿尔文号处于最佳状态,但是,老阿尔文号潜艇的部件可能都没有保留下来。尽管如此,一旦进入阿尔文号内部(至少在1999年),就会令人想起太空探索的黄金时代,那时,小玻璃球的背后还有拨动开关和白炽指示灯。你会感觉自己就像坐在月球车里,拥有强大的技术维持运转。阿尔文号没有复杂的设备,也没有生活设施。三个人挤在直径2米的钛金属船体里,科学家坐在小泡沫垫的两端。大家都伸直脖子,从两个小观察点向外观察下方,或者视线固定看着上方的视频监视器。潜艇内的三个人的体温温暖着潜艇。有一罐氧气补给潜艇内珍贵的氧气,还有一个盒子用来除去空气里积聚的二氧化碳。厕所这样的设施就别提了。

我们漂浮在加利福尼亚湾瓜伊马斯（Guaymas）盆地的海底大约1 500米深的地方。穿过加利福尼亚湾，是一片还在扩张的地带，称为东太平洋海隆，它把东至北美板块与西至太平洋板块分隔开。这些板块缓慢漂移分开，驱使巴哈（Baja）半岛离开墨西哥大陆。这片扩张地带的中心有点不同寻常，因为它包含着一层经过数百万年时间累积起的厚达1 000米的沉积物。这是由一度汹涌澎湃的科罗拉多河带过来的微粒沉积起来的[2]。海水在扩张中心的炽热岩石之间循环往复，成为热液，并向上渗透，穿过沉积物到达海底，形成巨量的石膏（$CaSO_4 \cdot 2H_2O$）沉积物堆积，并为当地环境提供丰富的硫化物。

我们越过一个个水深高度，开始下沉。当我们慢慢穿过大洋上部的光照区域时，我的鼻子贴着观察孔[3]。光线消失在黑暗之中，我偶尔看到一个不明海洋生物在闪闪发光。此刻，无人说话，也没有说话的必要，因为我们在黑暗中沉浸在勃拉姆斯（Brahms）的乐曲之中，这是驾驶员从磁带录音机播放出来的。大约一个小时后，阿尔文号外部的灯被打开，我惊愕地看着眼前最超凡脱俗的景象。大量巨型*Riftia*属的管状蠕虫从阴暗处爬上来[4]，在大片石膏山丘的表面轻轻摇摆。这些优雅的海洋动物，其生命是如此美丽。它们没有嘴，也没有肛门，通过培植肠道中的硫氧化菌而生存。巨型管状蠕虫已经进化形成一种复杂的机制，能把氧气和硫化物输送给细菌，细菌通过结合这两种物质而存活。如果我们仔细观察，那些看起来轻轻飘落在石膏壳上的好像雪花的东西，实际上是一种独立生存的硫氧化菌，属于贝日阿托氏（*Beggiatoa*）菌属。这些细菌一直爬到阿尔文号的灯光的边缘。还有很多其他动物，以各种方式依赖大量微生物存活，而这些微生物又依赖热液产生的硫化物生存。值得一提的是，在我们周围，到处都可见到富含硫的热液在冒泡，从积

先氧时代的生命

聚而成的地壳中渗出。硫化物滋养着细菌,细菌又成为其他动物的食物。

我们在瓜伊马斯盆地和世界各地许多深海热液系统中发现的丰富的生命,是由来自热液喷口的硫化物提供能量的。但关键的是必须要有氧气。这些硫氧化菌通过将硫化物和氧气结合而生存。没有了氧气,我们还剩下什么呢?许多深海动物会消失,硫氧化菌无法存活,事实上,透过阿尔文号的舷窗见到的、占据我们视野的几乎所有生命迹象都将消失。那么,放大到行星范围来思考,情况又会如何?从上一章我们知道,今天的地球生物圈所耗用的超过99%的能量,都经由光照条件下产氧光合作用的方式提供。没有了产氧光合作用及其生成的全部食物,地球上庞大的食物链会坍塌殆尽,还会剩下什么呢?当我们试图了解产氧进化形成之前古代地球上生命的本质时,这个问题就大有关系了。

为了回答这个问题,我们回到瓜伊马斯盆地(或者其他任何具有热液喷口的扩张中心地区)。没有氧气,生命将会大大减少,但仍会发现有一些生命。我们来考虑一下热液提供了什么。如上所述,在无氧的海洋深处,硫化物对于生命几乎没有用处。但是,热液还含有很多其他化合物,其中有一些化合物是生物很感兴趣的。我们从氢气和二氧化碳说起吧,这两者都能在热液喷口液体中达到很高的浓度。还记得上一章提到的奶牛吗?我们在这些奶牛的消化系统里发现了相同类型的(自养型[5])产甲烷细菌,这些细菌能在热液喷口系统中结合氢气和二氧化碳生成甲烷[6]。事实上,许多产甲烷细菌都能适应100摄氏度以上的高温,在现存的热液喷口也能够找到这些细菌。

即使没有氧气,这些产甲烷细菌也会生长和分裂,有些会死亡。其数量会达到生存与死亡数量相匹配的稳定状态,死亡的产甲烷细菌则成为其他微生物的食物。今天,发酵细菌在分解生物产生有机物的过程中扮演着重要角色。它们通过发酵过程获得能量并生长，同时产生一些简单的有机分子，以供其他微生物利用。实际上，另一种不同类型的产甲烷细菌（异养型[7]）可以利用这些简单的有机物生成甲烷和二氧化碳。因此，我们看到，有可能存在以甲烷为基础的生态系统，包括甲烷的主要生成者自养型产甲烷细菌，以及各种消耗甲烷的细菌，包括各种发酵细菌和异养型产甲烷细菌。

我想，这是在产氧生物出现之前，构成深海热液喷口附近的古代生态系统的主要微生物的现实景象。可能也存在其他微生物种群，增加生态系统的多样性。例如，如果在海水中发现硫酸盐，即使是很低的浓度（我们将在后面的章节中读到更多关于硫酸盐的内容），也可能支持一个硫酸盐还原反应的过程。在这个过程中，硫酸盐还原菌通过硫酸盐与有机物质或氢气发生反应而获得能量并生长，然后生成硫化物和二氧化碳[8]。这些古老的硫酸盐还原菌可能依赖于从其他死亡的微生物获得有机物质或从热液喷口获得氢气而生存。因此，有可能古代的热液生态系统容纳了相当多的微生物种群，但氢气可能是最主要的能量来源[9]。

然而，深海热液系统并不是氧气出现之前早期地球上唯一可以出现生命的地方。事实上，在陆地和全球海洋的上层也可能见到显著的地球早期生物圈活动。有很多理由支持这一观点，但我们从硫化氢（H_2S）说起。在深邃、黑暗、无氧的海洋中，这种气体对于生命其实并没有重要性。但在陆地，在阳光之下，硫化氢确实突然变得非常重要。一旦条件具备，硫化氢对于一些能进行光合作用的生物就大有用处。这类生物在我们熟知的产氧生物出现之前就已进化得很好。因为它们能进行光合作用但不能生成氧气，所以称为非氧光合生物[10]。我将在下一章详述它们的进行过程，但在本章，我将向你们介绍这类生物的生态学内容。事实上，这类生物并不罕见。

我一直梦想着在海边生活。在我的无理要求下，我的家人同意

第二章

先氧时代的生命

在丹麦的博恩霍尔姆岛(Bornholm)上购买了一幢小房子,每年夏天我们都会去那里度假。在岛上的东南部,有很多美丽的白色沙滩,沙滩上的沙子很细,而且沙粒大小很均匀,可以用来制作沙漏计时器。因为沙子非常细,很容易被打湿并长时间保持潮湿。如果你用脚刮擦一片湿沙,你经常会发现沙地分层次:绿色、红色和黑色,层次分明,非常引人注目,而且三种颜色还依次重复。如果你把鼻子贴近闻一闻,你会嗅到微弱的硫化氢气味。这种硫化物来自硫酸盐还原反应,这是一个我们之前提到过的过程。黑色是由硫化物与沙子里少量的铁矿物质发生反应生成的。绿色是由产氧的蓝细菌染成的,我们将在后面的章节里详细讨论。此处,对于我们的讨论来说很重要的一点是,红色带是由非氧光合生物染成的。这些光合生物利用太阳的能量把硫化物转化成硫酸盐,并在这一过程中从二氧化碳生成细胞生物量。

虽然,博恩霍尔姆岛的沙子为利用硫化物的非氧光合生物提供了一个良好的环境,但在早期地球上,这些沙子却提供了一个糟糕的环境。这是因为这些非氧光合生物所利用的硫化物,最终来源于生存在沙子上层的蓝细菌所生成的有机物质的分解。如果没有蓝细菌,就没有硫化物可供非氧光合生物利用。一个更类似于早期地球的环境是在黄石国家公园、冰岛或者新西兰的北岛发现的一种温泉。

我小时候去过黄石国家公园。我对温泉感到惊叹,我被"老忠实喷泉"迷住。但大多数时候,我沉迷于开着汽车猎熊,这事既安全又没有风险。我还记得从几乎深不见底的温泉喷口涌出的那些五颜六色的热水,有美丽的棕色、橘色、红色和绿色,像抽象画一样。直到几年之后,我才知道这些颜色是由大批细菌聚集引起的,其中许多细菌就是非氧光合生物,它们会氧化温泉喷发的热液中的硫化物。我认为这与在早期地球上发现的情况非常类似。就像深海热液喷口一样,我们可以想象其中有复杂的生态系统存在。非氧光合细菌氧化硫化物生成硫酸盐,硫酸盐又被硫酸盐还原菌用来氧化由光合生物产生的有机物质。在硫酸盐还原过程中,硫酸盐被还原为硫化物,硫化物再由非氧光合生物循环利用。就像在热液喷口生态系统中一样,各种各样的发酵细菌会帮助有机物质分解,并生成硫酸盐还原菌需要的食物。这一类型的生态系统被称为"sulphuretum",这是劳伦斯·巴斯·贝京(Laurens Baas Becking)于 1925 年首次引入的一个术语(巴斯·贝京后来在他 1934 年的著作《地球生物学》(*Geobiologie*)中开创了地球生物学领域)(如图 2.1 所示)。这样的生态系统的物质循环与我们现今的产氧生物圈里所采用的方式类似,只是水取代了硫化物,氧取代了硫酸盐。

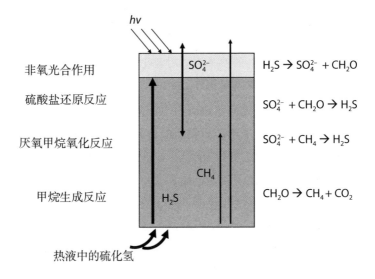

图 2.1　一种古老的硫基微生物生态系统的可能工作机制,以及微生物甲烷循环可能造成的其他影响。如果非氧光合作用产生的硫酸盐有部分从系统中丢失,如随河水流失,就会形成甲烷循环。该图显示了厌氧甲烷氧化反应过程,即甲烷与硫酸盐发生的氧化反应,这可能是有意义的,但本文不予讨论。依据坎菲尔德等的研究结果重新绘制(2006)。CH_2O 表示有机化合物

先氧时代的生命

如果一部分非氧光合生物所生成的硫酸盐随流动的热液流失，那么就没有足够的硫酸盐可供硫酸盐还原菌使用，分解所有死去生物的生物质。这一缺陷让产甲烷细菌得以生长，形成菌落，并分解剩余的有机物质，从而使地球上依靠硫化物供能的陆地生态系统更加复杂。如果有人能看到这些古老的生态系统，人们会惊叹这些微生物形态各异，有珠串状和团簇状，有点类似于今天所见的那些细菌。在这些热液地区本应该存在大量生命，然而，由于在全球范围内普遍缺乏这样的区域，因此，基于硫化物的生态系统可能只是生物圈总体活动的一小部分。

为了发现地球上在氧气出现之前存在的重要的生物，我们仰望天空，发现古代火山曾喷发气体进入大气层，如氢气、二氧化硫（SO_2）、二氧化碳和硫化氢。正如在深海热液系统中一样，火山喷发产生的氢气和二氧化碳有利于产甲烷细菌的数量增加。我们可以想象产甲烷细菌生存在陆地湿润的土壤、湖泊和海洋中，使二氧化碳和氢气结合。更重要的是，许多非氧光合细菌可以将氢气转化为水。通过这一反应，非氧光合细菌还可利用二氧化碳生成细胞生物量[11]。这些古老的、利用氢气的光合生物会聚居在古老的湖泊、池塘以及海洋表层。事实上，这些非氧光合细菌能在任何有太阳照射的水环境中生存，因为大气中的氢气和二氧化碳可溶解于水中。像这样古老的新陈代谢方式效率有多高？米尼克·罗辛（Minik Rosing）、克里斯蒂安·比耶鲁姆（Christian Bjerrum）和我建立了一个模型，该模型原来是宾夕法尼亚州立大学的吉姆·卡斯汀和他的团队设计的（我们在上一章中说到过吉姆）。我们估计，利用氢气的非氧光合生物产生生物量的最大速率是每年 3×10^{13} 摩尔有机碳（相当于每年 3.6×10^{14} 克的碳）。数字听起来好像很大，但它仍然比如今生物圈产生的有机碳少 100 倍，因为后者依靠产氧光合作用生成。

为了寻找哪种生物可能是古代无氧生物圈里的最大生物,我们想象着与阿尔文号一起潜入古老的海洋。随着潜艇下沉,我们把注意力集中在太阳光恰好消失于黑暗中的那个深度所在之处,那里可能有利于观察大量细菌。但奇怪的是,看到的是大量丰富的矿物质氧化铁,基本上可以看作是铁锈。我们的化学传感器也能探测到,在发现铁锈粒子的地方下方的深水里,有可溶性亚铁离子(Fe^{2+})堆积。这是怎么回事?

在接下来的章节中,我们将会读到更多关于铁的内容,但是亚铁离子从根本上说是铁在无氧环境下存在的一种形式,易溶于水。所以,当大气中不存在氧气时,来自热液喷口的亚铁离子会在古老的深海积聚。事实上,地质学证据证明的确有一种特殊类型的沉积岩的大量累积,这种沉积岩被称为条带状含铁建造(BIFs),在大约25亿年前的岩石记录里尤其丰富(在后面的章节里我们会读到更多关于BIFs的内容)。我们最好的模型表明,这些BIFs是由亚铁离子溶解在海水里形成的。但是,当思考再次集中到粒子层面:所有这些细菌从何而来?铁锈又从何而来?

德国不莱梅(Bremen)马克斯·普朗克(Max Planck)海洋微生物学研究所的微生物学家弗里茨·维德尔(Fritz Widdel)是一个做事极为有耐心的人。事实上,这样的耐心让他在帮助人们理解微生物代谢方面做出了很多基础性的突破。其中有一项突破中,弗里茨和他的学生从马克斯·普朗克研究所附近的排水沟采集一些淤泥[12],加入亚铁盐后在光照下培养。他们等待、等待、再等待,终于在几个月之后,在淤泥里看到紫色的细菌群在生长。他们把这些细菌转移到新的培养皿里,再次等待。最后,他们分离出了一种从亚铁中生成的非氧光合细菌,并在生长过程中形成铁锈。长期以来,人们怀疑自然界中可能存在这类菌群,但没有人像弗里茨一样有耐心和才华把这些菌群分离出来。然而,这类菌群在古代海洋中很重要吗?

第二章

先氧时代的生命

作为研究遥远过去的学者,我们试图找出类似的、尽可能接近于想要了解的古代环境的现代环境。然而,到哪里去找到一个类似于40亿年前到30亿年前的富含铁的海洋环境呢?就在我思考这个问题时,有一位来自加拿大的博士生肖恩·克罗(Sean Crowe),刚好参观我们的实验室,并解释说他正在对印度尼西亚苏拉威西(Sulawesi)的马塔诺湖(Lake Matano)进行研究,该处就是一个这样的环境。马塔诺湖湖深近600米,湖水清澈稳定。关键的是,湖底聚集了大量亚铁。肖恩正在计划再次探访马塔诺湖,并邀请我的博士生卡里亚恩·琼斯(CarriAyne Jones)加入。肖恩和卡里亚恩·琼斯了解了这个湖的很多情况,但关键的是,他们发现了一种非氧光合生物种群,而在该生物种群下方的铁遇到来自上方的微弱光线而被氧化。虽然这些光合生物未被分离出来,但肖恩和卡里亚恩在经过多方面考虑之后得出结论,极有可能是这些光合生物氧化了亚铁,形成湖里的铁锈。马塔诺湖离弗里茨·维德尔沟有很长一段距离,但这两种环境都表明,具有铁氧化性的非氧光合细菌可能是早期地球生物中的重要生物。

我们想象,这些铁氧化微生物在生态系统中与发酵细菌和所谓的铁还原细菌共生存在。铁还原细菌是一种著名的微生物种群,通过将氧化铁还原为亚铁而生存,并在这个过程中氧化有机物质或氢气。铁还原细菌在古老的海洋中也是如此,将光合作用产物、铁氧化物和细胞生物量重新组合在一起,使细胞生物量发生氧化,生成二氧化碳,并把铁氧化物还原成为可溶的亚铁(如图2.2所示)。这一生态系统有效地循环利用铁元素,而最终调节光合生物活动的是亚铁和营养物质的可利用率。米尼克、克里斯汀和我也尝试对这一古老的光合微生物种群的活动水平进行建模。我们的计算非常不精确,充满许多不确定性和假设[13],尽管存在这些问题,我们还是计算出一个铁基生物圈的活跃程度可能相当于现在的海洋生态圈的10%,不算太低。

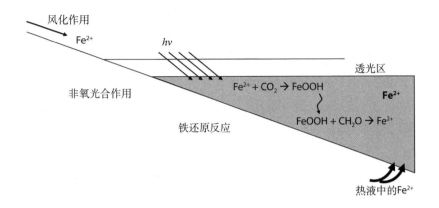

图 2.2　海洋中一种铁基生态系统的可能结构。详见正文说明。依据坎菲尔德等的研究结果重新绘制(2006)

　　现在,让我们作个小结。在产氧微生物进化形成之前,地球上从深海到海洋表面、陆基热液系统,以及湖泊和土壤的各种环境里,很可能存在着许多有趣而且富有活力的生态系统。在某些情况下,这些生态系统会很不起眼;但在另一些情况下,又会极为明显,肉眼也可观察到。最活跃的生态系统可能基于海洋中可溶性亚铁的氧化反应。然而,似乎最有可能的是,古老生物圈的活跃程度会比现今的生物圈差得多,因为后者是由产氧的生物带动的。

　　我们能否在地质记录里找到这样的古代生态系统的任何证据呢? 这个问题还远没有定论。困难之一,也是我们将在第七章里更详细地探索的,我们无法确定产生氧气的蓝细菌最早是在什么时候进化而成的。因此,无法确定必须回到多久以前才可以有信心地说,我们所探索的岩石是在没有产氧生物的世界里沉积形成的。再说,我们周围也没有很多这样古老的岩石,已经找到的那些岩石的品相也不大好。我们也将在第六章中讨论,同样的板块构造使这个世界成为适宜居住的地方,但其地质记录却支离破碎,达不到标准。地球的摇摆、旋转、振动加剧古代岩石的侵蚀和风化,促使岩石被埋

先氧时代的生命

藏、受热和变形。简言之,曾经在地球表面出现的岩石大多数已经湮灭,留存下来的许多岩石也受热变形。时间越是往前推,这个问题越是严重。

但是,尽管受到了年代的侵蚀,仍然有一些线索可以判定存在于古老生态系统的微生物的种类。事实上,有一个很能启迪人的地方是澳大利亚"北极",那里有近 35 亿年前的岩石[14]。这些岩石相对它们的年代而言,保存得非常好,而且我的澳大利亚同事罗杰·别克(Roger Buick)已对这些岩石进行了深入研究,他现在在华盛顿大学。罗杰描绘了一幅位于海洋边缘的活跃的火山地形图。想象一下,半隔离的海洋泻湖冲刷着裸露的玄武岩,在当地的水里含有高浓度硫酸盐的环境中,沉积物不断累积。硫酸盐可能最终来自当地火山喷发的含硫气体。硫酸盐矿物质至少最初时有部分是作为石膏析出(它们现在都是重晶石,$BaSO_4$),再与细粒的黄铁矿相结合,形成沉积物的重要组成部分。我的博士后沈延安(Yanan Shen)和罗杰·别克以及我一起研究了硫酸盐以及这些岩石里的黄铁矿的硫同位素成分。我将在第七章和第九章中更多地介绍关于这些同位素的研究结果。但我们的研究结果表明,黄铁矿中的硫化物是由微生物的硫酸盐还原形成的。我们为这个结果感到骄傲,因为它记录下了硫酸盐还原菌的早期进化,以及地质记录中最早的特定微生物代谢。

正如所预料的那样,这一发现受到了严格的审查,讨论的重点是硫化物的形成是否是一个热化学过程,完全不涉及生物。如果你把硫酸盐和有机物质放在一起,并加热到足够高的温度,就会发生这种热化学过程。从那时起,沈延安就用一种更复杂的硫同位素方法重新研究这些岩石,并获得了与我们的早期发现相一致的新结果。

还有更多的发现。我和延安、罗杰一起研究沉积物,发现沉积物下面的玄武岩纵横交错着不少富含硅的岩脉,这些岩脉里还含有微量的液体和气体内含物。因为这些岩脉是与沉积物同一时间形成的，所以从大体上说，液气内含物可以对研究大约 35 亿年前的微生物的生活进一步提供线索。事实上，日本东京工业大学的上野雄一郎（Yuichiro Ueno）和他的同事研究了这些内含物中的气体，发现其中有许多内含物中含有大量甲烷。他们把内含物分为两类，一类是原生内含物，可以追溯到岩脉形成的年代；另一类是次生内含物，是在岩脉形成的原地再次生成的。然后，他们测定了甲烷氢同位素组成，这是作为源于生物的甲烷所特有的一种独特的同位素信号。他们发现，原生内含物包含甲烷氢同位素组成（不要担心测试细节），这与生物源性的微生物产甲烷相一致；相反，次生内含物里所含的甲烷氢同位素组成与非生物源性的甲烷生成更为一致。这是地球化学的一个成果，它表明产甲烷的生物也是澳大利亚北极古代微生物生态系统的一部分。

总之，地质证据表明我们所想象的许多过程是早期生物圈的一部分，其所处的年代是 35 亿年前。这些过程包括甲烷生成过程、硫酸盐还原过程和死去的有机生物质的分解过程，其中，分解过程很有可能得到许多不同发酵细菌的帮助。不幸的是，表明岩石里不产氧光合作用的迹象因年代久远而不甚明显，所以这一过程的古代遗物在地质记录里较为缺乏。但在下一章里，我们将探索其他途径来研究不产氧光合作用的古代遗迹。

然而，也许有另一种途径可以独立于地质记录而研究微生物演化的早期历史。前提很简单。地球上所有生物在它们的 DNA 里都保存有它们演化历史的记录。这是因为任何生物的 DNA，包括人类在内，都是在现世之前的世世代代里发生的所有变化的产物。然而，DNA 里记录的历史是复杂的，受到许多因素的影响，包括基因复制、新基因出现、基因丢失、生物之间基因转移，以及 DNA 序列在漫长的时间进程中发生的所有突变。原则上，我们可以将一个生物的 DNA 与另一个生物的 DNA 进行比较,以了解这两种生物之间的 DNA 如何不同。如果我们对不同的生物进行充分比较,我们将能了解 DNA 的演化历史。麻省理工学院(MIT)的埃里克·阿尔姆(Eric Alm)和他的学生劳伦斯·大卫(Lawrence David)对这个问题进行了专门的、非常仔细的研究。他们分析了来自 100 多种生物的近 4 000 个基因,由此给出了基因演化的历史。这样的结果是令人瞩目的。

我们所拥有的是在整个地球历史中,各种不同代谢类型的一段重要历史。在构建这样的演化历史的背后有许多假设,这也是第一次尝试这种极有吸引力的方法。考虑到这些假设,我盯着研究结果。原则上,这些资料正是我们所追求的。35 亿年前,是什么样的生物界定了生物圈?硫酸盐还原反应是什么时候出现的?甲烷又是什么时候生成的?硫循环在地球历史的早期就非常活跃。自养代谢作用在早期也已出现,而能利用氧的基因是直到最近才大量增加的。然而,根据这一分析,甲烷生成是一种后来才演化而成的代谢过程。我发现这很难相信,尤其是考虑到上文提到的地质证据。但正如我所说,我们还是刚刚开始研究应用这种方法,而不是最终定型。

让我们尝试把所有这些结果结合在一起。根据估算,在产氧的蓝细菌进化之前,地球上存在过一个活跃而且多样化的生物圈。这个生物圈主要以火山活动所释放出的化合物为能量来源,并再次强调板块构造运动对于形成地球上生命的重要性。地质记录证明了早期生物圈的多样性,新的分子方法旨在从 DNA 序列破译演化历史,所得出的结果也证明了早期生物圈的多样性。不过,早期生物圈很可能远远没有如今的生物圈活跃。接下来的章节中,我们将开始探索导致产氧生物演化的一步步过程,以及现今的生物圈是怎样形成的。

第三章
产氧光合作用的演化

比赛在进行。但没有人真正知道这是一场比赛，至少开始时并不知道。那是 1771 年（也可能是 1772 年），瑞典药剂师卡尔·威尔海姆·舍勒（Carl Wilhelm Scheele）确实是非常忙。他刚刚成为乌普萨拉（Uppsala）的化学家托班·贝格曼（Torbern Bergman）的实验室助理，正专注于解开空气之谜。然而，他怀着孩子般的好奇心，其真正的动机是想要了解火的性质。舍勒认为："不了解空气，将无法对火所呈现的现象有任何真知灼见。"[1]

在科学史的这一时期，空气是一种真正引人注目而又神秘的物质。这一点只要听听舍勒自己总结空气的属性就可以明白："空气是一种流动的、看不见的物质，我们不断地呼吸空气，它围绕在地球的整个表面，非常有弹性，并且有重量。"除了这些很少的事实之外，已证明空气中含有二氧化碳，但除此之外，我们就所知甚少了。一部分问题在于，化学元素的概念还刚刚提出，组成空气成分的那些元素还没有被发现。另一个问题是，空气的性质无法脱离（当时）流行的燃素理论。燃素被认为是一种无色的物质，没有质量，由可燃物质燃烧时释放。因此，当物体燃烧时，空气被"燃素化"，如果空气中燃素积累得足够多，可燃物质就不能再燃烧。然而，这一解释对舍勒来说很可能是不够的，他意识到，真正理解燃烧过程的关键是理解空气的本质。

产氧光合作用的演化

人们可以从舍勒的著作《火与空气》(*Chemical Treatise on Air and Fire*)里追溯他的思想,该书出版于 1777 年,现已被翻译成英文。在早期的燃烧实验里,舍勒燃烧各种含硫化合物,以重新确认空气的一种已知性质,即"物质在发生腐败或被火烧毁而减少的同时必定消耗一部分空气"。由此,舍勒得出结论:"空气必定是由两种有弹性的、可流动的物质组成的。"但这两种可流动的物质的本质是什么? 实验仍在继续。真正的突破来自舍勒从一种硝酸和硫酸的混合物(确实是讨厌的东西!)中蒸馏提取硝酸钾(硝石)。他在蒸馏接近结束,当"血红色的蒸气出现"[2]时收集气体。看! 如果把一根蜡烛置于这种气体之中,"它不仅会继续燃烧,而且所发出的光比它在普通空气中燃烧时更亮"。舍勒用多种其他方法制得同样的气体,并称之为"火空气"。舍勒后来估计,这种"火空气"大约占据大气的三分之一[3]。舍勒所发现的"火空气"当然就是氧气。他用植物、老鼠和虫子做各种更巧妙的实验,他接着推测,通过呼吸作用,二氧化碳取代(在舍勒的观点中称为"转换")了"火空气","火空气"则被动物的肺所吸收,并在体内由血液输送到身体各处。

舍勒发现空气是由氧气、二氧化碳和一种具有化学惰性的物质组成,后者占的比例更多,他称之为"不起作用的空气",现在我们知道这种气体是氮气。至于"火空气",舍勒沉思说:"我倾向于相信火空气是由一种微妙的酸性物质构成的,并与燃素相结合。"但这一结论似乎注定是有缺陷的,因为 1774 年 9 月,舍勒给世界知名法国化学家安东尼·拉瓦锡(Antoine Lavoisier)写了一封信,解释他的实验,并征求意见。

具有讽刺意味的是,舍勒不知道在同一时间,英国人约瑟夫·普里斯特利(Joseph Priestley)在巴黎同拉瓦锡面对面讨论了他自己关于制氧气的实验[4]。拉瓦锡显然听得很仔细,因为他自己迅速生成了氧气,并且抛弃了燃素说。拉瓦锡正确地认识到氧是一种元素,并加以命名,就是我们现在所知道的这个名字(意为"酸生产者")。他也像舍勒一样,研究了氧气在呼吸中所扮演的角色,而且比舍勒更精确,他估算氧气约占地球大气的25%。

许多人抱怨拉瓦锡对普里斯特利失信,而且在他的关于氧气的论文中没有承认舍勒的贡献。事实上,拉瓦锡声称从未收到过舍勒的信,尽管到19世纪90年代,拉瓦锡的夫人披露这是因为她的缘故。拉瓦锡收到了这封信,但把它放进了妻子的物件里,所以他可以声称是他发现了氧气?或者,他的妻子收到了这封信,但把它藏了起来,这样拉瓦锡就可以声称因为他不知道有竞争者,所以是他发现了氧气[5]?我们永远不会知道。但很清楚,正如科学界经常会发生的那样,在现有的框架内,我们解释世界的能力还不足,需要有新的思想。很明显,到18世纪70年代早期,发现氧气的时机已经成熟。

我们再简要说几句历史的题外话。尽管舍勒做了大量的植物实验,但他从未发现光合作用过程。而普里斯特利在1771年就发现植物能提供一种物质,这种物质可以维持老鼠存活和蜡烛燃烧。这甚至还是在他发现氧气之前。但大多数人相信是荷兰医生简·英根豪斯(Jan Ingenhousz)完全了解了光合作用的原理。1779年,英根豪斯终于得以总结他的发现,以令人惊讶的现代术语说:"或许清洁和净化大气的伟大的自然实验室之一就存在于绿色植物叶子里的物质之中,并且必须有光的参与才能够实现。"[6]可以看到,18世纪末期,人们对于大气的主要化学成分已经有了相当透彻的了解,包括氧气的起源及其在呼吸中的作用。

在本章接下来的篇幅中,我们将继续探索历史,但是是另一种历史。我们的目标是了解地球上光合作用产生氧气的演变过程。我希望我们认同光合作用是生命史上的重大变革事件之一。如果没有产氧光合作用,大气中将没有氧气,也不会存在植物、动物,更不会有人来讲述这段历史。

作为一种生物创新,产氧过程从何而来?为了解答这个问题,

第三章

产氧光合作用的演化

我们必须先探讨光合作用是如何生成氧气的。一切都是从光开始的,图3.1重现了光合作用过程中采集光($h\nu$)的要点。这张概况图适用于所有类型的光合作用,包括蓝细菌的光合作用,蓝细菌是第一种能生成氧气的生物(将于第四章讨论)。这张图也适用于植物,甚至适用于在上一章中说到的非氧光合作用。为了采集光,所有的光合生物都使用一种"集光复合体",它由多种不同的、能采集光的色素组成(如图3.1所示)。一旦采集到光,光的能量就被转移到反应中心。反应中心位于光合作用的末端,是光合作用的发生地,如果是产氧光合作用,氧气就在此处生成。大自然把事情变得很复杂,产氧的微生物实际上有两个互相连接的反应中心:一个称为光系统Ⅰ(photosystem Ⅰ,简称 PSⅠ),另一个称为光系统Ⅱ(photosystem Ⅱ,简称PSⅡ)。这两个系统连接在一起,通常叫做 Z方案。在下文中,我希望读者明白,这一安排是有重要意义的。

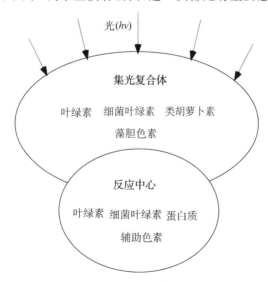

图3.1 光合生物采光图。图中显示集光复合体和反应中心的关系,每个反应中心都包含能采集光的色素。依据坎菲尔德等的研究结果重新绘制(2005)

29

为了了解产氧光合作用的机理,我们采取的简单方法是跟踪电子。这一过程如图 3.2 所示,从光系统 II 开始跟踪电子。集光复合体的能量被输送到一种特殊的叶绿素分子,称为 P680。传输的能量使 P680 进入激发状态,成为一种强还原剂(电子源)称为 P680*。P680* 可以轻松地失去一个电子,将电子转移给一种称为脱镁叶绿素(简写 pheo)的化合物,这一过程会使脱镁叶绿素还原。我们在后面会说到脱镁叶绿素会发生什么变化,但我们现在最关心的是叶绿素 P680 失去了一个电子。一定有什么东西替代了这个电子,否则整个过程将减慢并停止。

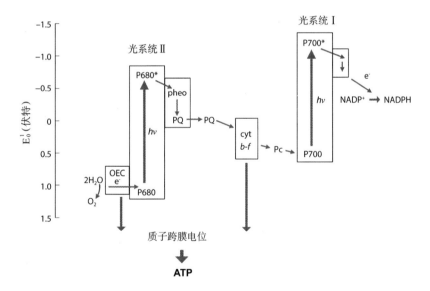

图 3.2　产氧光合作用的偶联反应中心,即所谓 Z 方案。理解产氧光合作用机理的关键点是跟踪电子,如正文中所述。雷蒙德·考克斯(Raymond Cox)惠予供图

在产氧光合作用这一非凡的生物创新中,电子来自水。这一点很重要,因为经验告诉我们,水是一种稳定的物质。例如,当我们洗

产氧光合作用的演化

澡的时候,不会担心水里会冒出氧气来。P680 的绝妙之处就在于它失去电子后,立刻就成为一种强氧化剂(即电子受体,事实上是自然界所知的最强氧化剂),这就使它能从水里夺取电子,并生成氧气作为副产物。这一切听起来比实际要简单。使电子从水中进入 P680,同时生成氧气,这是一个精细的生物化学协同运作的过程,如同一段精心安排的芭蕾舞一般。这场"舞蹈"由所谓的"放氧复合物"(OEC)"导演",其核心包含一个四核锰(Mn)簇合物。我们会在后面给予简短解释。

但首先,回到脱镁叶绿素。当脱镁叶绿素从 P680* 获得电子后,它夺取电子的反应非常迅速(实际上,在 3 皮秒之内,即 3 万亿分之一秒!);这是很关键的,否则电子会再次与已被氧化的 P680 相结合,正如上文所说,P680 是强氧化剂,非常善于夺取电子。倘若如此,整个过程将被缩短并停止。最终,细胞需要将脱镁叶绿素里的电子转移入一个可溶的电子载体,即 NADP(H)(还原型辅酶 Ⅱ)中[7]。电子进入 NADP(H)之后,可参与细胞的各种生化反应。但脱镁叶绿素几乎不能把它的电子转移入(用化学术语说就是还原)NADP(H)之中,如果现在这个反应能够实现,那么细胞在光合作用过程中获得的能量会很少。

相反,电子发挥作用。接下来发生的事情,我们可以想象电子就像一辆手推车似的,在一个晴朗的夏日里一直顺坡下滑。它从脱镁叶绿素滑到醌分子,再往下直到一系列其他的蛋白质。细胞利用这段无忧无虑的"旅程",在电子向下滚动时,生成三磷酸腺苷(ATP)[8]。ATP 是细胞的能量货币,简单来说就是,生命的目的就是制造 ATP。不管怎样,在电子到达底部被蛋白质接收之后,蛋白质已没有多少能量留存,无法形成 NADP(H),也无法为细胞做其他的事情。这样,电子被传递给 PSⅠ(光系统Ⅰ)。在光系统Ⅰ中有另一种被称为 P700 的叶绿素分子,它的氧化态正在等待电子。当

P700 和电子结合时,来自集光复合体($h\nu$)的能量使 P700 进入激发态(即还原态)P700*,后者实际上是一种比上文刚刚讨论的激发态 P680* 更强的还原剂。"手推车"又滑动起来了,但是因为电子从一个更高的能级(更强的还原态)开始,它仍然具有足够的还原性(发出电子),可以很容易与 NADP$^+$ 结合,形成 NADP(H)。

我们还没有说完。如果我们停在这里,NADP(H)包含的电子就会累积起来,但这是不可能的,也不曾发生。实际上,如果你还记得,NADP(H)中的电子最终是从水中夺取的,并被转移进入二氧化碳,生成用于制造细胞的有机化合物。这个过程称为碳固定。电子进入二氧化碳是由一种酶促成的,这种酶被称为二磷酸核酮糖羧化酶(简称为 Rubisco)[9],事实上,几乎所有我们吃的食物和使用的化石能源的基础,都是由 Rubisco 催化进行的碳固定反应。这确实是一段漫长的旅程,但最终细胞得到了成长所需的东西,并在这个过程中把氧气当作废物释放出来。

有了这个简短的描述作为背景,我们将通过研究演化,并把演化的各个基本组成环节组装起来,从而走近产氧生物的演化。我们将关注以下几个关键问题:(1)叶绿素的演化历史是怎样的? (2)PS I 和 PS II 的演化历史是怎样的? (3)PS II 过程中的放氧复合物是如何起源的? (4)Rubisco 的演化历史是怎样的? 在探究这些问题时,我们将试图了解导致地球上产氧光合作用演化的复杂路径。

正如上一章所述,产氧光合作用可能不是光合作用的第一种类型,这项荣誉属于非氧光合细菌。我不想花太多时间探索最早的那些光合生物演化,事实上也所知甚少。然而,正如我们将在下文看到的,把非氧光合生物看作是先驱,从这一角度来看产氧光合作用的演化是最合理的。因此,我们将在下文多次提及非氧光合生物,以寻找产氧光合作用起源的线索。

我们从叶绿素开始。我清楚地记得当我穿着带有亮绿色污渍

产氧光合作用的演化

的新牛仔裤和只在星期日才穿的白色衬衫,想偷偷从后门溜进家里时,我妈妈的无奈表情。带绿色的叶绿素除了挑战母亲(和父亲)为孩子的衣服添加亮丽的绿色之外,正如上文所述,也在产氧生物中承担着几个不同的功能:它是集光复合体的主要部分,还是两种光系统的关键组分。叶绿素在产氧光合作用中的重要性,主要是能在PSⅡ中生成具有强氧化性的P680,后者能从水中夺取电子。这是产氧光合作用的主要创新之处。

那么,叶绿素是从哪里来的呢? 事实证明,叶绿素完全不是一种特别特殊的分子。它在结构上和化学上与其他多种很常见的分子(所谓的卟啉分子)相关,后者在各种细胞酶中都有出现,包括血红蛋白中的亚铁血红素。叶绿素也与非氧光合生物中所具有的细菌叶绿素密切相关。实际上,叶绿素 a 和不同的细菌叶绿素的合成路径非常相似,差别主要在最后几步。因此,叶绿素和细菌叶绿素之间,甚至与我们身体细胞中常见的卟啉之间,生化距离都是很小的。但问题是,谁先出现?

大多数生物化学家都认为卟啉作为一种常见的分子是在叶绿素和细菌叶绿素之前先进化而成的。这些早期卟啉分子有助于促进地球上最早期生命的生物化学过程。现在考虑光合作用的色素叶绿素和细菌叶绿素,如果是基于这些分子的形成途径作评估,我们可能会猜测叶绿素进化在先。这一想法是由山姆·格兰尼克(Sam Granick)在1965年提出的(称为格兰尼克假说),其思想是基于叶绿素 a 的直接前体,一种叫做脱植基叶绿素 a 的分子,只需一步反应即可生成叶绿素 a;而细菌叶绿素 a 从完全相同的前体分子中生成则需要经过几个步骤才能完成。因此,叶绿素 a 更容易制得。

我们可以从另一个角度来看这个问题。在当今基因组学的新时代,进化史可以直接从生物的DNA序列中构建出来。在上一章末,我们看到过这种方法的一个简单应用,就是大卫和阿尔姆探索基因的进化史,由此演绎出大量不同微生物的代谢机制。印第安纳大学的熊金(Jin Xiong)和卡尔·鲍尔(Carl Bauer)运用相关的方法,探索产氧光合生物和非氧光合生物的进化史。如上所述,叶绿素和细菌叶绿素是由几乎相同的生化途径达到生物合成的最后几步的。因此,从产氧光合生物和非氧光合生物中识别出的基因都可以精确地在叶绿素和细菌叶绿素分子合成中实现同样的过程。熊金和鲍尔确定了几个这种基因的DNA序列,并在比较来自同样基因的序列中发现,来自非氧光合细菌的DNA序列似乎比那些来自产氧光合生物的DNA序列要古老得多。这是一个很好的证据,表明叶绿素的生物合成比细菌叶绿素的生物合成年代更近,即细菌叶绿素形成在先。因此,叶绿素具有更简单的最终生物合成途径的事实,印证了另一个证据:事实是细菌叶绿素形成在先。

因此,非氧光合作用先于产氧光合作用的想法似乎得到很好支持,叶绿素的生物合成以及产氧光合作用出现在后也同样得到支持。但是,这是为什么呢?为什么生物先使用细菌叶绿素这种更复杂的生物合成物,而不是直接使用叶绿素?也许,细菌叶绿素路径进化在先只是个偶然。而由于有了细菌叶绿素路径,就没有了进化压力来产生新的色素系统。也许正如奥塔哥大学的马丁·霍曼·马里奥特(Martin Hohmann-Marriott)和华盛顿大学的鲍勃·布兰肯希普(Bob Blankenship)指出的那样,早期的酶催化细菌叶绿素合成的过程可能有多个步骤,基本上都绕过叶绿素这一步或者生成的叶绿素只是很少量的产物。只是到了后来,随着这些基因的进化,叶绿素合成才成为产氧生物的主要形成路径。这似乎能够说得通,但实际上我们还是知之甚少。

现在我们把注意力转向反应中心PSⅠ和PSⅡ,这是产氧光合作用的核心。华盛顿大学的鲍勃·布兰肯希普研究光合作用多年,他和以前的学生杰森·雷蒙德(Jason Raymond)像其他人一样思考着光合作用的进化。正如他们所说，几幅图可以抵得上千言万语，而很久以前，鲍勃就发现 PSⅠ和 PSⅡ与非氧光合生物使用的反应中心在功能和结构上的相似性。参考图 3.3 让我们看看鲍勃发现了什么。鲍勃比较了 PSⅠ和 PSⅡ的生化路径与非氧光合生物的生化途径。通过比较，鲍勃发现 PSⅠ和一些非氧光合生物（其中包括一种称为"绿色硫细菌"的非氧光合生物或称 GSBs 菌）使用的"Ⅰ型"（或 FeS 型）反应中心有很多相似之处[10]。严格来说，在 PSⅠ和Ⅰ型反应中心中，电子从高度激活的叶绿素或细菌叶绿素分子中释放出来（如前文所述），穿梭于一系列相似的蛋白质之间。当鲍勃研究 PSⅡ时，他也看到 PSⅡ与一些非氧光合生物使用的"Ⅱ型"（或 Q型）反应中心有许多相似之处。Ⅱ型反应中心在结构上与 PSⅡ也有相似之处，并且电子也以相似方式穿梭。在一组紫色细菌中发现了许多使用Ⅱ型反应中心的非氧光合生物[11]。这些紫色非氧光合细菌是一个极其多样化的群体，但它们都使用相同类型的反应中心。

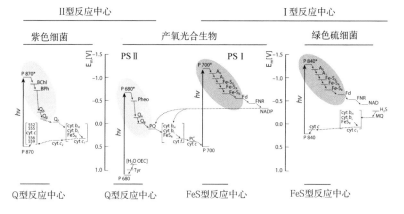

图 3.3 非氧光合生物的反应中心与利用光系统的产氧光合生物的反应中心的比较。不用担心细节，但需注意 PSⅡ和紫色细菌的Ⅱ型反应中心的相似之处，以及 PSⅠ和绿色硫细菌的Ⅰ型反应中心的相似之处。图片来自鲍勃·布兰肯希普的研究(2010)，获准使用并稍有修改

鲍勃、杰森与苏曼达·萨德卡(Sumedha Sadekar)把反应中心在另一个层面上进行比较,结果同样令人信服。在过去的几年里,技术已达到可以确定大分子蛋白质的结构,并且分辨率能够精确到不可思议的程度,甚至在许多测试中已可以分辨单个的原子。有了这样的高分辨率结构测试,不同反应中心蛋白质在结构上的相似性和差异性可以进行明确的比较。进行这种比较的逻辑是具有相似结构的蛋白质在进化上的相关性更密切。因此,在比较 PSⅠ、PSⅡ与Ⅰ型、Ⅱ型反应中心蛋白质的结构(如图 3.4 所示)时,发现了惊人的相似性,特别是在蛋白质的中间区域,该处蛋白质嵌于细胞膜中。这就很好地证明了所有的反应中心蛋白质都是相关的。随着进一步分析这些蛋白质结构,苏曼达、杰森、鲍勃得出结论:Ⅰ型非氧光合作用和Ⅱ型非氧光合作用的蛋白质是 PSⅠ 和 PSⅡ 蛋白质的祖先,这与鲍勃最初的看法相符合。

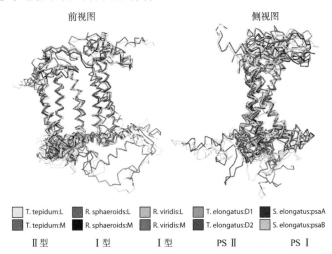

前视图   侧视图

☐ T. tepidum:L	■ R. sphaeroids:L	☐ R. viridis:L	☐ T. elongatus:D1	■ S. elongatus:psaA
▦ T. tepidum:M	▨ R. sphaeroids:M	▨ R. viridis:M	▨ T. elongatus:D2	☐ S. elongatus:psaB
Ⅱ型	Ⅰ型	Ⅰ型	PSⅡ	PSⅠ

图 3.4 光合反应中心蛋白质的结构比较。图中标出这些蛋白质是Ⅰ型还是Ⅱ型非氧光合作用的反应中心,或者是来自产氧光合蓝细菌的 PSⅡ 或 PSⅠ。图片来自苏曼达·萨德卡等的研究(2006),获准使用并稍有修改

第三章

产氧光合作用的演化

你可以猜一猜这项研究接下来将会如何进展。所有这些观察结果的一个合理解释是反应中心 PSⅠ和 PSⅡ是从Ⅰ型和Ⅱ型反应中心衍生出来的,后者更早存在于非氧光合细菌中。然而,具体细节还不清楚。这两个先已存在的反应中心连在一起,形成了产氧光合细菌的光系统。当一种类型的反应中心被转移到包含另一种反应中心的生物体时,这种联系可能已经形成。还有一种可能是,这两种类型的反应中心已经在一个原始的非氧光合生物中发生联系,后来发展成为产氧光合生物。无论哪一种情况,两种类型的光系统在非氧光合生物中都曾经有过。如果第一种情况是真的,那么带有两种光系统的前非氧光合生物显然已经从自然界中消失(见下文);如果第二种情况是真的,那么现今的绿色硫细菌和紫色细菌就失去了两种反应中心中的一种。鲍勃·布兰肯希普认为,目前无法区分这两种可能性。也许事实真是如此。然而,伦敦大学的约翰·艾伦(John Allen)认为两种反应中心曾经都存在于同一种非氧光合生物中,也许是一个单一的前体通过基因复制衍生出来的[12]。在他看来,每一种光系统都是为生物服务的,具体采用哪一种光系统则由生物依据环境条件决定。有时,这两种光系统又结合在一起。在艾伦看来,今天可能还存在具有完整的两种反应中心的非氧光合生物。如果能够找到这样的生物肯定是令人兴奋的!

虽然我们对产氧光合生物的进化有了更进一步的了解,但是我们还没有解释氧气是如何生成的。这就需要把注意力集中到放氧复合物(OEC)上,放氧复合物的核心包含 4 个锰(Mn)原子和一个钙(Ca)原子。整个过程如何运作尚在热烈争论之中,但众所周知锰原子起主要作用。基本上可以说,这些原子的作用等于是一个生物电容器。为了生成氧气,氧化态 P680 从锰复合物中释放出 4 个电子(不是直接从水里)。这 4 个电子在两个水分子释放电子时被替代,从而生成氧气。令人奇怪的是,放氧复合物,尤其是锰簇合物,是产氧光合生物独有的结构,未见于生物学的其他结构中。杰森·雷蒙德和鲍勃·布兰肯希普对于这种独特结构的可能来源有一些想法。如上文所述,他们已经提出一些新方法用于比较不同蛋白质的结构,并假设四核锰簇合物可能来源于二核锰簇合物,后者可以在一些其他蛋白质中找到。事实上,当他们把放氧复合物与蛋白质锰过氧化氢酶进行比较时,发现两者结构颇为相似。

锰过氧化氢酶是一种用来把过氧化氢(H_2O_2)转化成水和氧气的蛋白质。这是一种解毒蛋白质,因为过氧化氢是一种对生物有害的化合物。正如鲍勃·布兰肯希普和海曼·哈德曼(Hyman Hartman)首先提出,并由杰森和鲍勃再次提出,锰过氧化氢酶中的锰簇合物在叶绿素合成进化之后进入一种非氧光合细菌中。这一组合形成了第一种能生成氧气的生物。但这种生物只能做到从过氧化物转移两个电子生成氧气,而不是更有挑战性地从两个水分子转移四个电子从而生成氧气,后者是现在植物和蓝细菌生成氧气的方式。在某一时刻,两个二核锰簇合物形成一个四核锰簇合物,最终进化形成现在的产氧光合作用。

并不是所有人都对这个假设感到满意,主要的争议是在氧气生成之前,过氧化氢很可能极为少见。约翰·艾伦(John Allen)和威廉·马丁(William Martin)则另有想法,他们认为,产氧光合生物前体从自由溶解在古代缺氧海洋中的锰离子(化学式是 Mn^{2+})的光氧化过程中获得电子。通过这种途径获得的电子可以进入 PS II,并被转移到 PS I,最后生成二氧化碳。这和现今的产氧光合生物相类似,不同的是,电子的来源是在细胞外。在这一模型中,锰离子最终进入细胞,并通过 PS II 过程固定下来,形成锰复合物。在最后阶段,水成为电子的最终来源。

我们将通过观察这个过程的最后阶段来结束关于产氧光合作用进化的讨论。在这个过程的最后阶段,电子与二氧化碳相结合,

产氧光合作用的演化

生成有机物质。这一步是通过一个生物化学反应循环来完成的,叫做卡尔文-巴萨姆-本森(Calvin-Bassham-Benson)循环(通常称为卡尔文循环)。循环中,从二氧化碳生成有机物质的过程是由 Rubisco 催化的,我们在这一章前文中提及过。事实上,Rubisco 是地球上最丰富的酶。它虽然是在产氧的蓝细菌和植物中发现的,但它也存在于一大批非氧光合细菌(主要是紫色细菌)以及其他各种能将二氧化碳转化为有机物质的细菌中。

关于 Rubisco 的一个有趣的事情是,尽管它是地球上最丰富的酶,但它的催化效率不是很高,至少在产氧光合生物中效率不高。我们发现存在很多困难。首先,Rubisco 的转化速率非常缓慢,大约 0.2 到 0.3 秒,是已知的最慢的酶。这也在一定程度上解释了为什么它在周围环境中数量那么多。其次,它对二氧化碳的亲和力相当低,尽管生物学为此提供了一些"解决方案",我们将在下文中说到。最后,我认为最有趣的是 Rubisco 一直在和自己较劲。上文已经讨论过,Rubisco 将二氧化碳固定在有机化合物中称为羧化酶活性(Rubisco 中的"c")。但它也具有加氧酶活性(Rubisco 中的"o"),即氧气与中间化合物进行反应,最终又生成二氧化碳,基本上抵消了碳固定过程。如此行为,好像 Rubisco 执行"碳固定"是下不了决心似的。Rubisco 的特点就是存在竞争反应。这可并非微不足道,因为据估计,在植物如大米、小麦和大豆中,Rubisco 的加氧酶活性会使碳固定的净速率降低 25% 到 40%。

羧化酶活性(有利的反应)和加氧酶活性(不利的反应)之间的比例取决于在 Rubisco 活性中心的二氧化碳与氧气的比例。正如你所想象的,二氧化碳与氧气的比例越高,越有利于羧化酶活性。Rubisco 对氧气的灵敏度也取决于当时所参与的 Rubisco 的确切类型。这样,Rubisco 对于厌氧生物如非氧光合生物,虽然对同样的二氧化碳含量,其加氧酶活性较高,但对这些生物是无足轻重的,因为这些生物很少能接触到氧气。但这一观察提供了一个可能的视角，以了解产氧光合生物是如何利用 Rubisco 作为碳固定酶的。故事大致是这样的：Rubisco 是一种古老的碳固定酶，早在产氧生物之前就已经完成进化。这些古老的 Rubisco 一直具有加氧酶活性[13]，这倒并非是酶故意而为，而且也没有影响，因为没有任何氧气存在。可能最先出现在非氧光合紫色细菌中的古老的 Rubisco，在当时大气氧浓度非常低的时代，被最早的产氧光合生物所接纳[14]。随着环境和大气中氧气浓度的上升[15]，生物形成许多机制来应对 Rubisco 的加氧酶活性缺陷。这些补救措施包括减少对氧气敏感的 Rubisco，以及形成将二氧化碳集中在细胞内的多种机制，以提升二氧化碳对氧气的比例。这些机制在今天的植物和蓝细菌中都有广泛的应用。

这样，Rubisco 提供了一个很好的例子，显示出进化并不能达到更高程度的完美。在这种情况下，我们看到，在 Rubisco 作为产氧光合生物的碳固定酶这条路径被采纳后，通过后来的自然选择进化，最小化 Rubisco 的不完美之处，而不是寻找替代路径。但是，Rubisco 的性质对于它所要完成的任务来说仍然是不完美的。

我们也看到在更广阔的古生物圈背景下观察产氧光合作用的进化是有意义的。例如，我们可以看到许多构成产氧光合作用过程的细节是从哪里衍生出来的。这样看来，就不会奇怪氧气的演化过程是需要一些时间才形成的，也不会奇怪为什么不属于上一章所探讨的原始生物圈。然而，产氧光合作用不是一些先前存在的反应拼凑出来的。许多独特的生物创新，像锰簇合物和叶绿素的生物合成，是演化过程中不可分割的部分。产氧光合作用可能通过别的途径形成吗？也许会。我觉得这是个很吸引人的问题，想象一下形成产氧光合作用的其他方法可能有助于我们设想这个过程是否可能在地球以外的地方形成。

第四章
蓝细菌:伟大的释放者

想象一下,有什么东西能如此深刻、如此彻底地改变整个世界?试想一下,有什么东西能如此革命性地永远改变大气的化学成分、海洋的化学成分和生命的本质?是大瘟疫、文艺复兴,还是第二次世界大战?这些确实都是重大事件,都改变了人类文化的进程,但是它们对人类的影响还是很小的。是6 500万年前消灭了恐龙的那场大灭绝,还是大约2.5亿年前那场毁灭了地球上大约95%的动物的二叠纪大灭绝?我们是走近了点。每一次大灭绝确实改变了动物进化的过程,但是,它们并没有从根本上改变地球生命的结构或地球表面的化学过程。那么,你可能会问究竟是什么使地球发生了根本性的改变?

答案是蓝细菌的进化。我们在上一章所讲述的那些不起眼的小生物完全改变了一切。如前文所述,蓝细菌的进化使地球上第一次实现了生物产氧。这使氧气能够在大气层积累,并使利用氧气的生物能够大规模进化。这些是后面各章中要详细探索的内容。然而,蓝细菌的重要性远超于此。我们已经知道,蓝细菌是地球上第一种利用水作为电子来源的光合生物。水不同于非氧光合生物使用的硫化物、亚铁离子(Fe^{2+})和氢气,它在地球表面的几乎任何地方都存在。这意味着地球上生物的繁衍不再受电子来源(即水)的限制,而是取决于构成细胞的营养物质和其他微量元素。最终,由

生命之源——40 亿年进化史

于光合作用需要水,水的广泛存在使地球上初级生产率增加了 10 到 1 000 倍,这在第二章中已经说到[1]。地球生命第一次变得真正丰富了。随着蓝细菌的进化,地球渐渐成为一个绿色的星球[2]。

蓝细菌以各种方式生活在湖泊、池塘、小溪、短时间里有水积聚的坑坑洼洼里,以及整个海洋上层有阳光照射的水层(通常称为透光区)中。如果我们想象古代探测早期地球的太阳系探险家,他们需要用显微镜才能找到众多蓝细菌进化之前的生命证据[3]。但这以后,古代探险家可能只要从他们的航天器里轻松拍摄地球影像,就能找到丰富的生命,正如我们今天用卫星寻找生命所做的那样。那些在蓝细菌出现之前,有机物质匮乏的地方,在蓝细菌进化之后,生命变得相对丰富。有机物质的降解驱动生态系统,有机物质越多则生态系统越活跃,可能还导致生态系统更复杂。生态系统变得更为复杂也是由于有了新的氧源,以及随之而来的耗氧生物的进化。总的说来,从陆地到海洋,有机物质和氧气越丰富,生物种类越多样化。所以,蓝细菌的进化是地球上生命史的一件(很有可能是唯一一件)大事。

我在耶鲁大学师从鲍勃·伯纳(Bob Berner)。获得博士学位后,我就开始蓝细菌研究。鲍勃非常有耐心,尽了最大努力把我从一个化学家转变成为一个地球科学家。虽然我的博士论文是关于微生物如何使有机物质在现代海洋沉积物里循环的,通过鲍勃的训练和鼓励,我开始着迷于地球历史的问题,尤其是大气氧气的历史。我在攻读博士时就已经意识到,如果我想对这段历史有所了解,我需要更加了解蓝细菌如何生成氧气。就这样,我到了加州帕洛阿尔托(Palo Alto)美国国家航空航天局埃姆斯研究中心(NASA-Ames),跟随戴夫·马利斯(Dave Des Marais)做博士后研究。戴夫不仅对大气氧气的历史深感兴趣,还始终坚持做着另一个项目,即研究现代蓝细菌种群。

戴夫也是一位非常好的博士后导师。我们常常称他是"巫师先生",这是出于对他的尊重。戴夫似乎无所不知,任何事情他都能搞

蓝细菌：伟大的释放者

定。我们研究蓝细菌，要到墨西哥的巴哈（Baja）半岛做野外调查。该地有千里之遥，我们乘坐没有标记的美国国家航空航天局的面包车，沿途经过由武装民兵临时设置和把守的可疑的检查站，最后到达在格雷罗·内洛罗（Guerrero Negro）镇的埃尔莫罗（El Morro）酒店。刚到那里，我们就把几间酒店客房改造成为实验室（我们离开的时候慷慨地给清洁工付了一大笔小费！），并建起我们的室外孵化箱，安装好室内电气设备。我们对于稳定电力的需求到了埃尔莫罗所能提供的极限。几乎每到一处，戴夫都忙着更换酒店总配电箱的保险丝（至少需要这样），更多情况下是重新拉线接进几路弱电。有一次，酒店完全断电。戴夫追踪断电源头，一直追踪到为酒店供电的输电线塔，终于找到一个裸露的、松脱的电线接头。面对事故，戴夫镇静如常，把松脱的接头从地上捡起并重新接好，于是我们可以再次获得稳定的电力。还有一次，我用来调节孵化温度的冷却装置坏了。不用担心，戴夫给水循环系统重新接线，使孵化箱太热时设备得以启动泵水，水泵接到隔壁一家名叫"黛普西他（depósita）"的冷饮小卖部储冰的池子[4]，问题就此解决。

当我们开始实地考察时，戴夫又摇身一变从杂活工变成了外交家。我们作为当地盐业公司（也是北美最大的盐业公司）的客人，戴夫会在每一次实地活动之前，仔细地向细心的经理解释我们的结果会如何帮助他们优化盐业生产。这时候，我们在墨西哥的研究证明书是一封来自盐业公司董事的签名信，说明我们的工作对他们的经营非常重要。

有一次，我们从驻地长时间开车到野外作业地。在一片大约500平方千米的巨大场区，海水通过一长串池子灌入，因沙漠的热气和风力，不断地蒸发。最后，盐（NaCl）从浓缩的海水中得以析出。在这一过程的中间阶段，当水的盐度达到海水盐度的三倍时，就能形成大片的蓝细菌席，真是蔚为壮观。在当今地球上，蓝细菌席通常在高盐度中形成，因为高盐度的水可以杀灭大多数动物，否则这些动物就会把蓝细菌吃了或毁了。在古代地球上,在蓝细菌进化之后,但远早于食草动物进化之前,大片浅海区沐浴在阳光下,成为蓝细菌的合适栖息地。这些区域与浅水湖泊、河流和池塘底部连在一起,看起来极像今天墨西哥巴哈半岛的池塘。在古代地球,蓝细菌通常形成层状结构,称为叠层石。现在,有时也可在某些环境下见到[5]。我们的工作是探索现今的巴哈蓝细菌席,测定蓝细菌的活动水平,并揭示它们所居住环境的生态状况。我们的最终目标是了解古代地球上的蓝细菌席起了什么作用。

我们探讨了这些蓝细菌席的许多方面,但我重点关注蓝细菌本身。我们研究了一种称为"原型微鞘藻"(*Microcoleus chthonoplastes*)的菌属,它占据蓝细菌席的绝大多数。原型微鞘藻是一种细丝状蓝细菌,其细胞呈长串状端到端的连接,称为毛状体。两个到几十个毛状体呈束状挤在微鞘内,固定在蓝细菌席内。蓝细菌丝使微鞘得以上下活动,以应对各种各样的刺激,包括光、氧气和硫化物的浓度变化。在巴哈蓝细菌席中,这些微鞘紧密地挤在一个网格中,有点类似豆腐的模样。戴夫·马利斯根据透射电子显微镜图像,画了一个漂亮的巴哈蓝细菌席(如图4.1所示)。经我们观察图像,发现在这个巴哈蓝细菌席里的蓝细菌(类似于其他地方的许多其他细菌席)集中在不到1毫米厚的薄层内。这是因为蓝细菌席需要利用光,而不到1毫米厚度的细菌席能够将可见光完全吸收[6]。随着光减少,蓝细菌也大大减少。在蓝细菌席的底部,我们看到有一连串小得多的菌丝,主要呈水平方向排列,呈绿色,含有细菌叶绿素a和c。它们代表一种非氧光合生物属,学名称为绿曲挠丝状菌属(*Chloroflexus*),非正式名称也叫绿色非硫细菌。这些光合生物利用能穿透到蓝细菌之下的光波,使硫化物氧化,硫化物是由蓝细菌席里处于黑暗、更深处的厌氧层里的硫酸盐还原菌生成。蓝细菌席的生态比我简单的描述复杂得多。这里概括介绍的是主要的参与者及其活动,基本上可说明蓝细菌席生态系统是如何构成的。

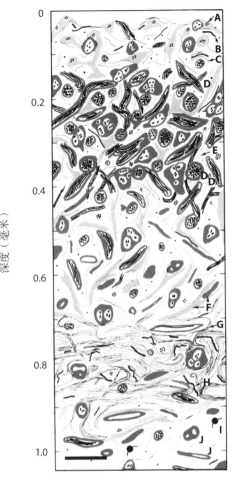

氧-硫化物界面

图4.1　根据透射电子显微镜(TEM)绘制的来自墨西哥巴哈半岛的格雷罗内洛罗的微生物席图。白天,氧-硫化物界面位于 0.8 毫米深度处。图中字母指:A. 硅藻类;B. 螺旋藻属(蓝细菌);C. 颤藻属(蓝细菌);D. 原型微鞘藻(蓝细菌);E. 非光合细菌;F. 细菌黏丝;G. 绿曲挠丝状菌属(绿色非硫细菌,能进行非氧光合作用);H. 贝氏硫菌属(非光合硫氧化菌);I. 不明食草动物;J. 废弃的蓝细菌鞘。图片依据坎菲尔德和戴夫·马利斯的研究成果稍有修改(1991)

　　蓝细菌席的厚度非常薄,所以想要真正了解它,我们需要分辨率至少达到0.1毫米的工具才能探测蓝细菌席。丹麦奥胡斯大学的尼尔斯·彼得·雷夫倍奇(Niels Peter Revsbech)将这个项目作为他的博士论文的一部分,在 20 世纪 70 年代末,他开发出了第一个测定大自然中氧、硫化物和 pH 值分布的微电极。这些微小的电极顶端直径只有几微米(如图 4.2 所示),所以能够满足需要的细度分辨率。尼尔斯·彼得是一位电极设计大师,他一直在开发各种各样的电极用于生态研究。这些发明成果相当于提供了一个探测微生物席(以及其他自然生态系统)的化学性质的窗口,这个窗口的大小和微生物席自身大小相当,以此促进了微生物生态学的重大发展。我们用这样的电极探索巴哈蓝细菌席。图 4.3 所示是一个氧气分布图的例子。对我来说,令人震惊的是,所有涉及氧气的行为都发生在小于 2 毫米的厚度上。读者试分开食指和拇指,比划这么一个 2 毫米的距离,并想象一下:在这么短的距离里,氧浓度上升到它在空气中的饱和度的大约 4 倍(氧气的气压差不多是 1 巴!),然后又降至零。这是氧浓度在白天的测试结果。在太阳落山以后,氧浓度的峰值很快就消失了。

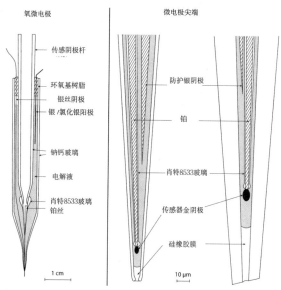

图 4.2 尼尔斯·彼得·雷夫倍奇开发的不同倍率的电极图。这是微生物生态学研究的标准工具。图片依据雷夫倍奇的研究结果重新绘制(1989)

蓝细菌:伟大的释放者

在发明了第一个氧微传感器后不久,尼尔斯·彼得还设计出了一个聪明的方法,在微生物席上确定氧气的生成速率[7]。我们把这个方法应用到蓝细菌席上,让氧气的生成速率分布与图 4.3 中的氧气含量一起显示出来。图中氧气的生成速率巨大,以单位体积为基础计算,生成速率都是自然界里任何地方能见到的最高生成速率。即使我们结合深度来计算单位面积(即每单位面积的细菌席)氧气的生成速率(相当于产氧光合作用的有机物质生成速率[8]),我们发现这些比率也很高。例如,依据图 4.3 中所示数据的计算深度集成率,相当于每平方米细菌席每小时产氧量是 20 毫摩尔左右。这个值远远高于在全球大部分海洋所测得的氧气生成速率值,而只有最具产氧能力的沿海地区才能与之相当或超过。在这些蓝细菌席上,所有的氧气生成都发生在小于 1 毫米的深度! 这是很值得注意的。氧气生成速率和氧气的渗透深度在各个蓝细菌席之间有差异,但蓝细菌席总是特别活跃。

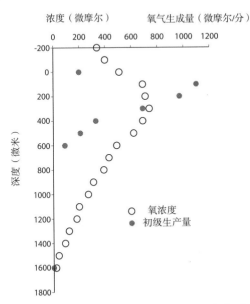

图 4.3 巴哈蓝细菌席的氧气分布和氧气生成速率图。数据来自坎菲尔德和戴夫·马利斯的研究结果(1993)

蓝细菌也不罕见。它们在像巴哈蓝细菌席那样的微生物席上到处都有存在。如果我们仔细观察,可能会确信它们几乎无处不在。我们在博恩霍尔姆岛的沙滩上发现了它们,在第二章中也曾提及。但这仅仅是开始。蓝细菌在湖泊、池塘和溪流的底部形成蓝细菌席,在缺乏较高级的植被的土壤里很常见。于是就反常地发现,它们在缺水的贫瘠土壤里特别丰富。这些蓝细菌具有非凡的能力,能够在极端干旱状态下以休眠形式维持生存,并在得到水的时候,萌发生命。到莫哈韦沙漠(Mojave Desert)铲起一些沙子,几乎可以肯定,你手里就有数量可观的蓝细菌。在澳大利亚的乌鲁鲁(Uluru)(原名艾尔斯(Ayers)巨石)附近旅行,巨石周围的沙子和土壤里也肯定含有蓝细菌,但仔细观察一下这块巨石本身,尤其是在巨石下方,这块天然砂岩的表面也聚集着大量蓝细菌。到南极洲的干谷地区旅行,你会见到赖特谷(Wright Valley)的万达湖(Lake Vanda)对面的灯塔砂岩,在这巨大悬崖上也有类似的东西。在其他干旱和半干旱的环境中,在砂岩和花岗岩的裸露部分也发现有蓝细菌,这些地区包括南非的北德兰士瓦(Transvaal),以及委内瑞拉的奥里诺科(Orinoco)低地。

让我们来看看海洋。几个世纪以来,科学家一直在研究海洋藻类。然而,在 1946 年克劳德·佐贝尔(Claude Zobell)的经典著作《海洋微生物学》(*Marine Microbiology*)中并没有提到蓝细菌。我在 1980 年所使用的生物海洋学教科书中也没有关于海洋蓝细菌的描述。事实上,直到我编写生物海洋学教科书(1977 年),才见到对束毛藻属(*Trichodesmium*)的束形蓝细菌的描述(下文中还可见到更多关于这些有趣生物的描述),其他小型球状蓝细菌也被确定。但很明显地,也只是新奇而已,并未在教科书中予以讨论。直到 1979 年,情况才发生了变化,来自伍兹霍尔海洋研究所(Woods Hole Oceanographic Institution)的约翰·沃特伯里(John Waterbury)和同事一起研究了大

第四章

蓝细菌：伟大的释放者

量微小的聚球藻属（*Synechococcus*）的海洋蓝细菌。事实证明，这些微小的蓝细菌很常见，除了在高纬度的北极地区，其丰富度可达每升海水 100 万个细胞。

它们怎么会被如此长久地忽视呢？几十年来，海洋浮游植物（它们是光合作用浮游生物）作为研究对象是用网进行采集的，网眼直径大约是 20 微米（0.02 毫米）。但这些聚球藻细胞很小，直径大约在 0.8 到 1.5 微米之间。因此，用这样的网捕捞，聚球藻细胞就像许多你喜欢的浮游植物一样从网眼漏掉了。但约翰用的过滤器的滤孔要小得多（0.2 微米），所以能够分离出这些细小的聚球藻细胞。然而，就如在科学发现中经常发生的那样，约翰压根儿不是在寻找蓝细菌，而是在寻找完全不同的东西。他使用一种新技术，利用荧光染料对细胞进行染色，然后在显微镜下观察，当细胞在蓝光下发出荧光时对细菌进行计数，以确定细菌总数。优秀的科学家会使研究处于可控范围内（即设置空白样本），约翰立即发现有一些细胞未添加染料而发出荧光。在产氧光合生物中，有些光合作用色素会有这种现象。因为这些荧光细胞很小，约翰猜测它们可能是蓝细菌。结果证明确实是蓝细菌，海洋聚球藻就此被发现。

有关海洋蓝细菌这一重要的菌群，情况还远远不止这些。大约与聚球藻属细胞被识别出来作为一个丰富物种的同一时间，还观察到了其他几种外形相似的蓝细菌种群。这些生物中，有的内部结构与聚球藻属有点不同，叶绿素色素也有点不同，在没有更详细的研究时，这些生物最初被归入聚球藻属细胞。这种情况在 20 世纪 80 年代后期才得到改变。那时，麻省理工学院的彭妮·奇泽姆（Penny Chisholm）使用一种称为流式细胞光度计的相对新的技术探索海洋里光合作用生物的性质。使用这种技术，我们可以根据菌群的大小和在不同波长的光照射下发出荧光的能力区分菌群。许多菌群，如聚球藻，能发出独特的信号，可作为一个有效的工具用以量化细菌的数量。采用流式细胞计数法，彭妮能够发现并确定聚球藻的数量。于是，另一个荧光细胞家族也出现了，但这些细胞在许多方面不同于聚球藻。首先，这些微小的细胞直径只有 0.6 到 0.8 微米，比典型的聚球藻细胞小得多。但这些细胞显然是蓝细菌，并且含有不同于聚球藻或任何其他光合生物的独特色素。这些细胞的数量也很大，至少在某些地方这些细胞的数量甚至比聚球藻更多。聚球藻往往喜欢居于海水的上层，光照强的区域，而这种新的细胞更喜欢居于海水中较深、较黑暗的区域。事实上，这是与聚球藻细胞类似的细胞，并且早些时候已报道过。在注意到与一群共生的原绿藻属（*Prochloron*）蓝细菌的相似之处后，彭妮把这些新的蓝细菌命名为原绿球藻（*Prochlorococcus*）。

十年之内，我们对海洋光合生物群体的了解完全改变了。但这个故事还有更多的内容。这些微小的蓝细菌，包括聚球藻和原绿球藻，不仅仅是数量丰富而已，在海洋的某些区域，它们贡献的初级生产量占比多达 50% 或者更多。所以，即使它们很难被观察到，蓝细菌仍然在碳循环中发挥巨大作用。

还不止于此，因为我还要解释海洋中原绿球藻的生态学机理。我这样做部分是因为这种细菌很吸引人，部分是因为当我们回顾遥远的过去时，我们还可以想象古代生物一定是与原绿球藻一样，需要与它们所处的环境适应。原绿球藻属仅包含约 2 000 个基因，属于已知的基因最少的产氧生物。你可能会认为基因越多越好，能赋予生物更大的灵活性，能够适应不断变化的环境条件。然而，原绿球藻采用的是不同的策略，不是用庞大的基因组覆盖所有可能的事件，这些蓝细菌至精至简，却仍能使它们的基因组与特定的环境条件和谐共处。

这个故事还在继续，人们意识到原绿球藻不仅仅是原绿球藻。从环境中能分离出多种不同的原绿球藻菌株，一些原绿球藻更适应光照强的条件，另一些更喜欢光照弱的环境，还有其他的一些则适

蓝细菌:伟大的释放者

应海洋中不同深度的养分供应情况。这些不同的原绿球藻生态型,
正如彭妮·奇泽姆所称,在海洋的不同深处,根据它们对于光照和
化学环境的偏好而分层分布,随纬度和经度变化。图 4.4 显示了这
种分层的一个例子。如果从赤道附近的原绿球藻的分布开始,我们
发现,适应高光照条件的生态型更喜欢居于海水上层,适应弱光照
的生态型更喜欢深水区。如果移到海洋表层光照更少的高纬度地
区(48°N),处于中间类型的原绿球藻在海洋表层将占据主导地位。
中度光照条件下的海洋表层中,适应最高光照条件的生态型很少,
适应最弱光照的生态型则几乎见不到,显然,那是因为没有足够的
光线可供它与其他生态型原绿球藻竞争。

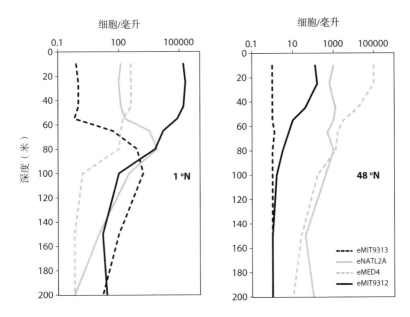

**图 4.4 不同的原绿球藻菌株在大西洋 1°N 和 48°N 处的深度分布图。图片依
据约翰逊等的研究结果重新绘制(2006)**

我们可以通过观察生物的基因来了解生物做什么以及如何适应
环境,这是因为基因提供了生物的不同发展过程的蓝图。迄今为止,

已经对 12 种不同类型的原绿球藻进行了完整的基因组测序。如果将这些基因组进行比较,那么大约有 1 270 个基因是所有的基因组共有的。这些基因代表了原绿球藻为了生存而做的核心工作,其中包括控制光合作用和碳代谢的基因。除了这些基因之外,还有近 6 000 个不同的可变基因。这些可变基因中有些(但不是全部)基因是不同的基因组所共有的,使各种不同类型的原绿球藻具有不同的特点,并决定各自如何适应环境。这些基因的许多功能是未知的,因此其适应环境的具体细节仍然不完全清楚,但信息还是明确的。通过基因交换和基因进化,原绿球藻已经形成了"设计师"基因组,以适应海洋中不同的环境条件。如果你能根据环境的变化对自身进行调节,谁还需要一个庞大的基因组呢?目前还不清楚这种调节机制在自然界中广泛应用得如何。但在我看来,彭妮和她的同事所发现的原绿球藻基因组的灵活性是现代海洋微生物学的重大革命之一。

似乎是由于制造的氧气还不够,蓝细菌还以另一种重要的方式影响海洋的化学性质。为了更好地理解这一点,我加入维达尔·戈麦斯号(Vidal Gomez)游轮考察。这是一艘摇摇晃晃的老旧美国海洋船,重新服役于智利海军。我们的旅行从智利的伊基克(Iquique)出发,向西到达离海岸大约 20 千米的地方。海豚在船的航迹中玩耍。远处,鹈鹕在搜寻鱼类的踪迹。我们到达研究地点,海豚离去,船停之时,百无聊赖。我放松精神,饱览景色,但一群凤尾鱼闯了过来,划破了船侧的海面。当涟漪消失时,我低头想到,在我脚下 100 米深度的地方,水是完全不含有氧气的。我们正在研究全世界最大的氧气含量最少的海域(OMZs),包括秘鲁西部海岸和智利北部,向北直达中美洲和墨西哥海岸,以及印度洋的阿拉伯海。在这一大片无氧海域中,微生物将海水中的硝酸盐转化为氮气(N_2),从海洋中除去了大约三分之一的硝酸盐。如果没有补充,硝酸盐这种海藻的关键营养物质将在大约五千年之内从海洋中消耗殆尽。

蓝细菌：伟大的释放者

　　幸运的是，硝酸盐能够得到补给。而且在地球表面的很多地方硝酸盐都能够得到补给，因为硝酸盐转化成氮气的过程不是只能在海洋中发生。补给的过程称为固氮。很多不同类型的微生物（更确切地说是原核生物[9]）通过固氮作用把氮气转化为铵，供细胞使用。这是一个高度耗能的复杂过程，由被称为固氮酶的酶化合物参与进行。在陆地上，固氮原核生物通常是与植物根系共生的，豆科植物如大豆的根就是一个很好的例子。在水生环境中，蓝细菌是主要的固氮生物，原因是蓝细菌能从太阳获得足够的能量来实现固氮过程。而矛盾的是，蓝细菌的主要产物氧气对固氮酶有毒害作用。进化过程形成了很多非常有效的办法解决这个明显两难的困境，我将概略予以介绍。

　　许多丝状蓝细菌类型已经形成了一些叫异形细胞的特殊细胞。这些细胞以半固定的间隔沿着细丝分布，起固氮作用。异形细胞包含多重细胞壁，可以限制氧气在细胞内扩散。当它们进行光系统I时，能够产生能量，驱动固氮过程。但它们不能进行光系统II过程。因此，与正常的蓝细菌细胞不同，异形细胞不生成氧气。但是，它们含有特殊的蛋白质，能消耗溶液中的氧气，为固氮提供完美的无氧环境。

　　没有异形细胞的蓝细菌必须找到其他方法来保护固氮酶免于氧气的毒害。这有很多不同的方法。例如，一些生活在微生物席上的蓝细菌只在夜间微生物席环境变得无氧时进行固氮。其他蓝细菌也把固氮限制于夜间，但它们是在富含氧的水域里固氮。在这种情况下，蓝细菌采用快速呼吸法以便从细胞内部排出氧气，从而使固氮得以进行。我认为最神奇的固氮方法来自束毛藻属，它们可能是海洋中最重要的固氮生物。束毛藻属是一种缺乏异形细胞的丝状蓝细菌，它通常成束状，令人印象深刻，肉眼可以观察到。事实上，通过卫星可以很容易看到大片的束毛藻。与预想完全相反，束毛藻在正午光照强度达到最大值时，达到最高的固氮速率。这也是光合作用产氧速率达到最大值的时间，因为光合作用的速率通常随着光照的增强而增大。但束毛藻的光合作用速率并不随光照的增强而增大。在光照强的时候，束毛藻蓝细菌的光合作用减弱，并在细胞中利用光能驱动耗氧反应[10]。相反，在清晨和晚上的微弱光线下，光合作用开启，固氮则减弱。当光线充足的情况下，这种机制是可行的。这也解释了为什么束毛藻更喜欢清澈的水和热带纬度（但谁不是这样？）。

到目前为止，我们已经探讨了蓝细菌的生态学和生理学的各个方面，但我们有意忽略了植物和藻类。它们也能制造氧气，它们的生态学和生理学机理如何呢？很难被观察到的微小的蓝细菌与几乎决定现代世界的植物和藻类之间，真的存在某种联系吗？事实证明，联系很紧密，并且在生命史上表现出一种美丽的偶然性。很久很久以前，有一种蓝细菌在一种真核细胞中定居。这是一种互利的关系（通常称为共生关系），真核生物可能从蓝细菌获得食物，而蓝细菌可能在真核生物中获得庇护。在进化的过程中，真核生物控制了蓝细菌，后者失去了许多自身的代谢机制，慢慢失去了作为独立生物的身份，成了初代真核生物藻类的叶绿体。这个有趣的想法是由俄罗斯植物学家康斯坦丁·谢尔盖耶维奇·梅列日科夫斯基（Konstantin Sergeevich Merezhkovsky）于1905年首次提出的。这个想法曾经被人遗忘，但在几十年后被林恩·马古利斯（Lynn Margulis）重新发现，被众人熟知。现代分子生物学技术清晰而巧妙地显示出叶绿体中含有蓝细菌的DNA，从而证明这一想法是正确的。

我们要好好感谢这些小小的、能产生氧气的朋友。它们给了我们氧气，供我们呼吸；它们确保海洋里有大量的硝酸盐，以支持海洋的巨大食物网络；它们与早期的真核生物结成伙伴关系，给我们造就了藻类，并最终造就了植物。今天，我们可以在很多不同的环境中发现蓝细菌，它们都有很好的适应能力。对我来说，很难想象如果没有蓝细菌地球上哪来生命，感谢它们让上述的这么多好事成真。

第五章
是什么在调节大气的氧浓度

吸气,呼气,吸气,呼气,很好,放松。这样的事情,每个人可能一天要做 2 万次,而很少有人会对这件事有所思考。但是,如果我去新墨西哥(New Mexico)圣达菲(Santa Fe),那里海拔达到约 2 100 米(大约 7 200 英尺)的高度,我就会对呼吸想得很多了。一到那里,跑一段楼梯就会令我气喘吁吁。在山里跑一小段路,我更是呼哧呼哧地喘个不停,呼吸是大不如往常那么容易了。在这个海拔高度上,大气压大约只有海平面大气压的 77％,也就是说同样呼吸,人们吸入的氧气只有在海平面大气压下吸入氧气的 77％。在世界之巅喜马拉雅山脉的珠穆朗玛峰上,海拔高度达到惊人的 8 848 米(大约 29 035 英尺),在那里饱吸一口空气,其氧气含量只有海平面大气压下氧气含量的 31％左右。只有经过最好的训练并具备最好的适应能力的人才能在如此低氧环境中生存,而且也只能坚持很短一段时间。大多数珠峰攀登者在最后冲刺时都带有氧气罐。有些人则止步于此,也有许多人死于尝试。登顶珠穆朗玛峰明显地是在挑战人类能忍受的极限。

所以,空气中的氧气含量是很重要的。现今,空气中的氧气含量是 21％,人们可能会理所当然地问,为什么会是这个浓度[1]？也可能会问,这个浓度是否随时间而改变？在接下来的章节里,我们就来研究空气中氧气的历史。但在本章,我们要关注一个更根本的问题:为什么空气中有氧气？通过本章的讨论,我们将尝试确定控制氧浓度的主要机制。

你可能会想,这有什么大不了的。任何三年级学生都知道,氧气来自光合作用。这就是为什么空气中有氧气,这算什么问题?没错,但以下的实验却需要非常聪明的三年级学生才能思考。在一个密闭的容器里放一株植物,并观察容器在白天里积聚了多少氧气[2]。记下数据,然后到夜间再看一看。你可能会发现,植物在夜间,经由呼吸作用所消耗的氧气几乎跟它在白天所产生的氧气一样多[3]。我们几乎回到原处,一无所得——但这个结论是不精确的,关键就在这里。

请再看一看测定的数据。氧气的量很可能是稍有增加的。如果继续观察实验几个星期,可能确实会看到氧气是有一定量的积累的。这是因为植物长大了。请记得氧气是光合作用的副产物,植物物质的生成与氧气的生成是平衡的。植物物质生成得越多,氧气生成得也越多。在我们的实验中,如果所有的植物物质在呼吸过程中都消耗殆尽,那么氧气就没有积累。但如果植物生长,则生长就代表着不呼吸的植物物质。简单说来,如果氧气不是用于植物的呼吸,它会在罐子里累积起来。按此理解,植物生长就可以等同于氧气的累积。道理就是这么简单,明白吗?

让我们试做以下计算。现今,大气中含有 3.7×10^{19} 摩尔的氧气。这是一个很大的数字。如果将它们冷却成为液体,就会形成一层大约 2 米厚的液态氧,覆盖于整个地球表面。结合卫星图像和地面测量的结果,可以估计地球上的净初级生产率,即植物、藻类和蓝细菌的大致总生长量,是每年 8.8×10^{15} 摩尔碳。如果将净初级生产率与大气中氧气的质量进行比较,可以计算出大气中的氧气生成只有 4 200 年的历史。这个计算结果可能提示,大气中的氧气含量在各个为时不长的时间段内是不稳定的,氧气的生成和呼吸之间的不平衡可能会造成氧浓度在一段短时间内低至像在珠穆朗玛峰那里的氧浓度那么低,而在另一段短时间内又达到非常高的水平。

是什么在调节大气的氧浓度

不过,别担心,这个故事还很长呢。让我们回到把植物密封在罐子里的那个实验。只要植物是活的并且在生长,氧气就会在罐子里积聚。但是,一旦植物死了,会发生什么情况呢?就像堆肥堆在家里的后院那样,各种各样的细菌和真菌会分解死去的植物物质,这就需要消耗氧气。总的来说,无论是在陆地上还是在海洋里,估计地球上的初级生产量大约有99.9%被分解了。剩下很小一部分作为无活性的有机物质被埋藏,成为海洋和淡水里的沉积物,以后可能固化成为岩石。事实上,有机物质只有被埋藏在沉积物中,最终转化为岩石,才能逃过与氧气发生反应。因此,被埋藏的有机物质代表着大气的净氧来源。虽然植物和蓝细菌产生氧气,但氧气能蓄积起来却是因为有机物质被埋藏和保存在沉积物中[4],这些有机物质原本就是由光合作用生成的。一块煤代表着大气的一个氧源,就像一桶原油,一块有机化石,以及所有细小而分散的有机物质一样。正是这些有机物质赋予我所喜欢研究的古代页岩以美丽的黑色[5]。

我们还需要考虑另一个氧源。在第二章里,我们说到一种叫做硫酸盐还原的厌氧微生物过程,它利用硫酸盐与有机物质发生反应,生成硫化物。这个过程在自然界中很常见。我们可以在腐败的鸡蛋里,在我们的肠道里,甚至在我们的牙齿里找到硫酸盐还原菌。它们虽然生活在相对孤立的盆地,但分布极为普遍,如在黑海和位于委内瑞拉海岸卡利亚科(Cariaco)的盆地,在斯堪的纳维亚半岛的多处海湾(海湾里水的循环受到限制),以及在大多数海洋深处的沉积物中(因为那里的氧气已被呼吸作用消耗殆尽)。这些沉积物所处的深度,从只有1~2毫米,到几厘米或更多不等,前者是在陆地边缘环境中,后者是在离岸很远的海域收集的淤泥里,因为那里有机物质含量相对较低。如果周围有铁——这是很常见的,那么硫化物会与铁发生反应,形成一种叫做黄铁矿(化学分子式FeS_2)的矿物,这在第二章里就说到过。在现今的沉积物中,这种"愚人的黄金"在被发现时通常呈美丽的微粒状,像覆盆子那样聚集在一起(称为草莓状结核或微球团,此词来自法语 *framboise*,即覆盆子),直径为 5～50 微米(如图 5.1 所示)。在古代的岩石中,黄铁矿通常被认为是闪亮的金块。但不管是现今的还是古代的,黄铁矿中的硫化物(和铁)对氧气都是非常敏感的,如果暴露在氧气中,就会重新形成硫酸盐。因为硫化物是从有机物质的还原反应中形成的。如果黄铁矿没有发生反应,并且被埋藏在沉积物里,黄铁矿沉积也代表着大气中氧气的来源[6]。在后面的章节中,我们将会看到,有机碳埋藏也是过去几亿年里大气中氧气的主要来源,但在往前推的某些时间段里,作为氧气来源,黄铁矿埋藏占据统治地位。

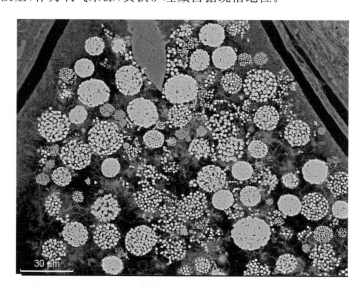

图 5.1 页岩的岩相学薄片截面,其内可见大量黄铁矿微球团。图片由利兹大学埃里克·孔德利弗(Eric Condliffe)拍摄

引人注目的是,大气中的氧浓度的调节机制是法国化学家和采矿工程师雅克·约瑟夫·埃贝尔蒙(Jacques Joseph Ebelmen)于 1845 年首次阐明的。埃贝尔蒙弄清楚这些过程仅仅在氧作为一种

是什么在调节大气的氧浓度

元素被发现,并且是在发现氧气的生成与第三章里所述的光合作用相关的 70 年之后。不幸的是,埃贝尔蒙 37 岁就去世了。在他短暂的生命中,他深入思考了有哪些过程影响氧在大气中的循环。他写下了大气中氧调节的化学反应式,这一表达式在当年是相当新颖的。如上所述,埃贝尔蒙得出结论,黄铁矿和有机碳埋藏都是大气中氧气的来源。这样,他就成功地把由光合作用和有机物质的呼吸作用造成的氧气的短期循环,与由岩石循环调节的长期地质循环作了区分。如第一章所探讨的,岩石循环包括沉积物埋藏、埋藏的沉积物转化为岩石以及此后这些岩石遭遇风化和侵蚀时的构造性隆起。风化和侵蚀的产物经河流流入海洋,并再次形成沉积物。

这些有关氧气调节机制的思想,大部分沉寂了大约 130 年,直到 20 世纪 70 年代,才由鲍勃·加莱尔斯(Bob Garrels)、爱德华·佩里(Ed Perry)和迪克·霍兰德(Dick Holland)独立地重新发现。关于这些科学家以及他们的贡献,在后面的章节里我还有很多要说。

至此,我们弄清楚了氧气来源的调控。但是,当所有的氧气被释放到大气中时,会发生什么情况? 如果可能,你可以在一个美好的夏日里驱车去一处裸露的沉积岩,最好是考察一下页岩。如果你住在一个多山的地区,你可能会找到这类完好的裸露岩石,它们或者是在公路的路口,或者是在河流的河口,或者仅仅是在山坡上。如果你像我一样住在平坦地带,可能需要等到你外出度假时才能看到。不管如何,请仔细观察一下页岩,如果你有放大镜,请用放大镜观察。请注意最外层,这一层很可能易碎,而且可能已晒脱了颜色。你可能会看到斑斑的铁锈,如果你仔细观察,会发现锈迹可能取代岩石里像是黄铁矿小块或黄铁矿晶体的东西。如果你有一把石锤,把那些发脆的东西敲掉,试着新找出几块石头。新挖出的岩石可能显得暗些,如果你挖得足够深,你应该会挖到新的闪光的黄铁矿。通过比较已经风化的和新挖出的岩石,你就可以发现是什么东西除去了大气中的大量氧气。氧气与有机物质以及古代岩石中的黄铁矿在被抬升到地球表面之后发生反应。事实上,这些有机物质和黄铁矿在第一次被埋藏并形成岩石时是氧源。它们最终发生氧化就意味着氧气的蓄积,就这样,一次循环得以完成。

我们还需要讨论另外一条除去氧气的途径。如果你还记得第二章里我们讨论过化学上具有还原性的气体,如氢气(H_2)、硫化氢(H_2S)和二氧化硫(SO_2)等,如何从火山进入地球表面环境,以及这些气体如何在大自然尚未演化到生成氧气之前,为早期生态系统提供能量。在蓝细菌开始生成氧气之后,这些火山气体就成了氧气的消耗者。硫化物和二氧化硫与氧气反应生成硫酸盐,而氢气与氧气反应生成水。图5.2简要总结了这些要点,并展示了地质学上氧循环里的氧源及其耗损。

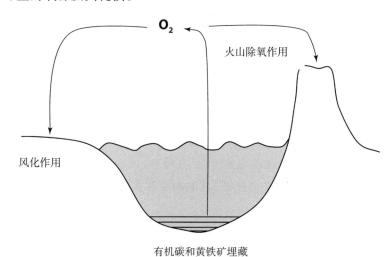

图 5.2 调控大气氧浓度的主要过程。氧气通过风化作用与火山气体、有机碳以及硫化合物发生反应,而氧气又通过有机碳和沉积物中埋藏的黄铁矿被释放进入大气。图片依据坎菲尔德的研究结果稍有修改(2005)

了解这些对于理解氧气是如何循环的非常关键。但它仍然没

是什么在调节大气的氧浓度

有解释氧浓度是如何受到调控的。我们真的能确定在氧循环中真正调控氧气含量的过程吗？简短的回答是"是"。关键在于要认识到有许多生成氧气和消耗氧气的过程,其快慢速率都有一种使氧气含量稳定的趋势。这似乎难以理解。但不用担心,我会在讲解调控得以实现的更多细节之前,先说明调控的原理。

请想象一个很深的浴缸,并带有一个水龙头让水进入,以及一条单独的排水管(如图 5.3 所示)。浴缸里的水越深,水经由排水管排出就越快。打开水龙头,让水流入浴缸,当水由排水管流出的速率与由水龙头流入的速率相同时,浴缸里的水会达到一个稳定的水位。把一大桶水倒进浴缸,则水位立即会上升,并导致水流出也更快。在经过初始一段时间的上升之后,水位又会回落到原先流入等于流出时的同一水平。这称为负反馈,它使系统保持稳定。从浴缸里取出一桶水,则所发生的情况正好相反,水流出的速率变慢,直到再次达到原来的水位。系统已经达到一个稳定状态,其稳定之所以得以维持,是由于简单反馈的作用。

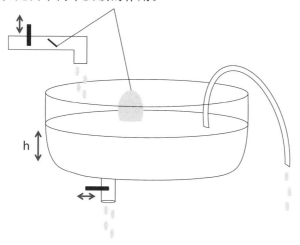

图 5.3　不同方式调控大气氧浓度的"浴缸"比喻。图中水在浴缸中的高度 h 代表氧气含量水平,正文详细描述了调控是怎样实现的

如果我们打开水龙头,水将会达到一个新的更高的水位。水位上升,则会有更多的水从排水管流出,以匹配新的更高的流入速率。这是另一个稳定负反馈的例子。如果我们束紧排水管,也可达到较高的水位。相反,打开排水管或减少水流入,水位就会降低。现在,我们在浴缸里放入一根虹吸管,让水以恒定的速率流出。在这种情况下,我们观察到水位会下降到一个新的水位。在这个水位上,水通过排水管和虹吸管的总流出速率再次等于水流入的速率。最后,我们在这个系统里把一个浮动装置连接到水龙头上,其功能有点像马桶水箱里的浮球(虽然没有那样敏感),当水位越高时,使水流从水龙头流出越慢。这个浮动装置有助于设定浴缸的最高水位。有了这个装置,当水位上升时,流入速率就减小。这是另一个负反馈作用,其作用是稳定浴缸里水位的高度。

这个简单的系统是一个关于如何调控大气中氧气含量的比喻。在下文以及此后的章节中,我们将看到这个比喻包含了理解大气中氧调控所需要的全部原理。如同大气中的氧浓度一样,这个系统在输入与输出相匹配时,达到动态平衡。动态平衡之所以可能,是因为系统存在负反馈。这个系统还包含一个水流失机制,即虹吸管,它独立于任何反馈。这条使水流出的途径影响水位的高低,但并非必然会破坏系统的稳定。换句话说,虹吸管打开时,平衡仍然是可能的,虽然相比于虹吸管关着时水位较低。

正反馈也是可能的,但正反馈是破坏稳定的反馈。在水调控系统中,正反馈的一个例子是如果操纵浮动装置,在水位上升时水流入浴缸的流量增加。由于存在正反馈,水就会溢出浴缸。正如我们将看到的,氧调控有可能发生正反馈,但对于氧浓度的调控并非重要事件。氧浓度是依靠负反馈达到稳定的。现在我们来看看其中的一些负反馈。

让我们从除氧方法开始。先从简单的方式开始,即与氧气发生反应的气体从地幔脱气。我们特别关注诸如氢气、一氧化碳、二氧

是什么在调节大气的氧浓度

化硫和硫化氢这些气体,它们就类似于浴缸例子中的虹吸管。这些气体消耗氧气,它们进入大气层,与氧循环过程中的任何反馈都无关,它们进入大气层的速率取决于地质构造和地球的内部运动。在第七章里,我们将看到在地球历史的某些时期,这些气体对于调控大气中的氧浓度起关键作用。

那么其他的除氧方法又是如何呢?例如,之前说过的沉积岩中的有机碳和黄铁矿的氧化又如何呢?它们就相当于浴缸例子里的排水管。实验表明,黄铁矿和有机碳的氧化速率可能确实依赖大气中的氧浓度,氧气含量越高,氧化反应越快。这对于氧气减少是一个潜在的负反馈。如果氧浓度过低,则由有机碳和黄铁矿氧化造成的除氧速率就减小。关于这一点,我看到了耶鲁大学的一位教授卡尔·图雷基安(Karl Turekian)与鲍勃·加莱尔斯之间的一场争论[7],后者我们曾在本章前文已提到过。当时我还是耶鲁大学的一年级研究生。卡尔·图雷基安是一个斗士,一位富有灵感的科学家,是他挑起了争论。鲍勃·加莱尔斯是一位地球化学家,一位谦谦君子,说话温和,举止优雅。加莱尔斯在演讲中指出,氧浓度对于有机碳和黄铁矿的风化速率很可能是一种负反馈。这时,卡尔从椅子上跳了起来,摆出争斗的架势,大声吼道这是不对的,风化速率受地质抬升速率以及新岩石被带到地球表面进入风化作用区域的速率控制。他继续说,所有的有机碳和黄铁矿一到达风化作用区域就会被氧化,其后才有被风化的岩石被冲入河流并归于大海。我感觉打架的气氛变得浓重,禁不住趴在了我的桌子底下。但加莱尔斯却是一副如佛一般淡定的样子,他笑着说:"哦,卡尔,那是你的看法。"然后,继续他的演讲。

事实上,卡尔如同往常一样,提出了一个很好的观点。如果有机物质和黄铁矿是在风化作用中以及在经河道回归大海的过程中才被完全氧化,那就不会有对于有机物质和黄铁矿氧化速率的氧反馈了。事实上,这个反馈的意义很可能取决于大气中氧气的实际含量。让我们回到之前讨论过的岩石裸露的地方,在那里我们可以观察到地球表面受到风化的岩石,以及只有在挖掘之后才可见到的古代岩石。我们不仅仅观察岩石,而且从被风化岩石的表面向下每隔一段固定距离收集一块样本,直到挖到新鲜岩石为止。我们把这些样本带回实验室,测定它们的黄铁矿和有机物含量。现在在马萨诸塞大学的史蒂文·佩奇(Steven Petsch)做了这个项目,作为他师从耶鲁大学的鲍勃·伯纳攻读博士学位的论文,那是在我师从鲍勃完成我的博士论文的大约10年之后。史蒂文的一些研究结果如图5.4所示。史蒂文的工作有两个主要的结论:一是黄铁矿被氧化比有机物质快得多;二是尽管有机物质氧化的速度慢于黄铁矿,但在很多情况下(不是所有情况下)它在裸露的表层几乎完全被氧化。

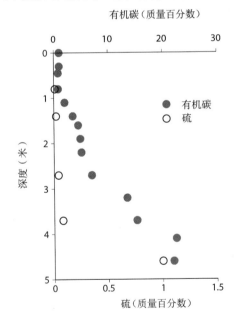

图 5.4 美国俄克拉荷马州莫里(Murray)郡阿巴克尔(Arbuckle)山脉伍德福德(Woodford)页岩区上透过现代土壤形成层的有机碳和黄铁矿的含量。图片依据佩奇等的研究结果重新绘制(2000)

第五章

是什么在调节大气的氧浓度

这些观察构成了由爱德华·博尔顿(Ed Bolton)提出来的一个优良的有机物质/黄铁矿氧化模型的基础。爱德华是一位建模专家,也是鲍勃·伯纳在耶鲁大学的同事之一。爱德华的模型相当复杂,包含各种各样的参数,如大气中的氧浓度、侵蚀率、页岩孔隙度(指的是孔隙空间或页岩中的"洞"的体积)、水流动力学、黄铁矿和有机碳氧化动力学。但结果很清楚。考虑到侵蚀率和土壤孔隙度的正常波动范围,有机物质在风化作用中将完全被氧化,而当时的氧气含量是今天氧气含量的25%或更高。但如果氧气含量降低,或者侵蚀率增高,就如同在山区可能会见到的情形那样,氧浓度应该能影响有机物质被氧化的程度。因此,在氧气含量比今天明显更低,或者侵蚀率明显比今天更高的过去,大气中的氧气可能在有机物质的氧化过程中提供了一个负反馈,氧浓度可能也对黄铁矿氧化构成了负反馈,但只能是在氧浓度极低时才会发生,这将在第九章加以探讨。

到现在为止,讨论都集中在有机物质和黄铁矿氧化的效率上。但有多少有机物质可发生氧化反应,也一定是有影响的。很简单,可用于发生氧化反应的有机物质和黄铁矿越多,氧气消耗也越多。这个量的多少取决于几个因素。一个因素是陆地的抬升速率,因为它控制着岩石被暴露而发生风化的速率。另一个因素是有机碳和黄铁矿在被风化的岩石中含量有多少,而这又将在很大程度上取决于哪些岩石可以被风化。鲍勃·伯纳深刻思考了这一点,他设想了一种方法,大气的氧浓度得以在这个原理的基础上得到调控。鲍勃认为,有机碳和黄铁矿被埋藏于沉积物之中,与这些沉积物因为风化和氧化作用而形成的后续生产能力之间存在紧密的联系,前者代表氧源,后者代表氧耗。

理由如下:试想象,出于某种原因,有一段时期,形成了含有非常丰富的有机碳和黄铁矿的沉积物。这些沉积物的埋藏代表一个强大的大气氧源。然而,这些沉积物,至少大多数沉积物,都在相对较短的时间里很容易被风化和氧化[8]。这是因为这些沉积物(和它们形成的岩石)在海平面变化时会暴露出来。沉积物有时也会受到抬升和侵蚀的影响。这是由一些构造运动造成的结果,包括海底俯冲和陆-陆板块碰撞[9]。因此,这些含有丰富有机碳和黄铁矿的岩石被"快速再循环"进入风化带和氧化带,并迅速产生一个强大的氧气消耗。最终的结果是由最初埋藏岩石所代表的强大的氧源与其后氧化作用造成的氧耗相互抵消。相反,如果有一段时间,沉积物沉降时所含的有机物质和黄铁矿较少,氧源就较少,较少的氧源与较弱的氧耗相互抵消,这是因为沉积物快速再循环以及随后的沉积物氧化作用产生的氧耗也减弱了。这样可以避免大气中的氧气含量过低。所以,沉积物快速再循环的最终结果是保持大气氧浓度既不太高也不太低。请注意,这种氧稳定机制并不是对氧浓度的反馈,它不依赖于大气中的氧气含量。相反,它是一种基于沉积物埋藏、地质构造与风化作用之间的偶联的稳定机制。

以上描述的反馈和调控与氧气下降有关。我们还可以确定与氧气生成相关的各种反馈。有一组重要的反馈就与海洋缺氧对氧调控所造成的影响相关[10]。我们讨论这个问题是从观察黑海深处的沉积物开始的。黑海是世界上最大的缺氧盆地,在 70 到 80 米深的水下,水是无氧的;如果你从 120 米以下的深度取水,就可嗅到硫化物的臭味,它是硫酸盐还原的产物。这样的硫化物盆地被称为"死水盆地","黑海"这一名称就来自希腊名 *Pontus Euxinus*。

黑海死水域中的沉积物里没有动物。这些沉积物呈薄板状层叠,含有很丰富的有机碳和黄铁矿,比丹麦海岸周围或者你在暑假里可能会经常去的海滩附近的普通淤泥中发现的有机碳和黄铁矿要多得多。事实上,当水不流动时,有机碳和黄铁矿的沉积率会增加。

然而,在我们进一步讨论之前,我们需要解决一个重要的细节

是什么在调节大气的氧浓度

问题。事实上,并不是所有类型水层的缺氧都能导致我们在黑海所发现的那种死水状况。例如,美国中西部(我是在那里长大的)的许多湖泊(以及其他地方)的深水层就有季节性的缺氧。然而,这些湖泊的硫酸盐浓度通常较低,因此在这些湖泊中只有有限数量的硫酸盐能够进行还原反应。当这些湖泊出现缺氧时,蓄积的是溶解铁(即亚铁,在第七章中会有更多说明),而不是硫化物。在以往有些地质年代里,这种情况在海洋里也很常见,我们在接下来的几章里还会探讨。如果你还记得上一章讨论的智利海岸的无氧水域,那里既没有铁也没有硫化物,这些水域里占主导地位的是氮的化合物。重要的是,所有类型的缺氧水层都导致有机物质分解的速率降低(相比于有氧分解),从而导致在这些水域的沉积物里有机碳的浓度增加[11]。相比之下,黄铁矿埋藏只有在死水层才会得到加强(当死水层含有硫化物时)。在接下来的章节中,除非另有说明,凡提到缺氧水层,一般是指上文探讨过的那些类型。

基于上述的细节描述,我们就可以想象一个基于海洋缺氧环境扩张和缩小的氧反馈。人们普遍认为深海中海水缺氧程度会随着大气中氧浓度降低而加重。这是有道理的,因为如果大气中氧气含量较低,被溶入并进入深海的氧气就较少。然而,以黑海为例,随着缺氧环境的扩大,有机碳和黄铁矿的埋藏速率(如果所处的水层是死水层)也应该增加。有机碳和黄铁矿埋藏会形成更多的大气氧源,这样就增加了大气中氧气含量。然而,这种影响是有限的。氧气含量升高反过来又会减弱海洋缺氧的程度,这将降低有机碳和黄铁矿埋藏的速率,从而降低了大气中氧气含量。这样一系列的过程形成了一个很好的稳定机制(负反馈),使氧浓度既不太低又不太高。

如果我们深入发掘,就会发现海洋缺氧还会产生对氧浓度的其他反馈。为了理解这些反馈,我们需要关注氮和磷的命运。氮和磷是两种最重要的营养物质,它们控制着海洋的初级生产速率。我们先从磷说起。事实上,大多数地球化学家认为磷素有效性是控制海洋初级生产速率的最重要因素[12]。在这一点上,我的同事、耶鲁大学博士生埃勒里·英格尔(Ellery Ingall)(现在亚特兰大的佐治亚理工学院),在他的学位论文研究中获得了一个惊人的发现。他发现,在像黑海这样的缺氧环境下,无论是现代还是古代沉积下来的沉积物中,所含的磷比沉积在含氧水层下的沉积物中所含的磷要少得多[13]。这一观察结果导致了对于大气中氧气含量的其他反馈。因此,根据埃勒里的观察,缺氧环境扩大应该导致磷从水层中转移到海洋沉积物中的量减少。我们已经了解到,在某些情况下,缺氧状况会增加有机碳和黄铁矿的埋藏。但是,如果磷从水里向这些沉积物的转移减少,那么就应该有更多的磷可用于提高初级生产率。这又将导致有机碳埋藏的速率提高,甚至导致更多的氧气释放到大气中。因此,磷循环会增强刚刚讨论过的缺氧在阻止氧浓度太低过程中的负反馈作用。

当氧气含量上升时,可以看到同样的增强效应。随着氧气含量升高,缺氧的海域也会减少。与此同时,含氧的海域扩大,结果是磷从含氧的海水里向沉积物转移增加。磷移除率的增加将减少海水中磷的含量,这将降低初级生产速率。初级生产速率的降低应该会降低有机碳的埋藏速率,从而降低向大气释放氧气的速率。这使得氧气的浓度不会太高。这些想法最初是由埃勒里以及菲利普·冯·卡比伦(Philippe van Cappellen)一起提出的,后者是我师从鲍勃·伯纳时的另一个博士生同辈。

在所有关于磷的讨论中,我们不能忘记氮。在上一章里,我们简单地讨论过氮循环。当时,我们讨论到在海洋的低氧区域,厌氧微生物如何将硝酸盐以氮气的形式转移出去。我们还讨论到,固氮蓝细菌如何将氮气转化为铵,重新为生物圈供氮。人们可以想象,随着海洋缺氧增加,产生氮气的厌氧过程将变得更加重要,可能会

是什么在调节大气的氧浓度

使海洋中的生物可用氮（主要是硝酸盐）枯竭。因此，与磷相反，全球海洋缺氧扩大可能会限制氮的供应，从而也可能会限制初级生产，其限制的程度主要取决于氮固定是否会加速重新供给丢失的氮。如果通过氮固定的再供给能完全平衡氮以氮气形式的丢失，那么上面描述的磷反馈将控制初级生产和有机碳的埋藏速率。然而，如果固氮不能与氮的减少保持同步，那么氮的浓度会下降，氮就会限制初级生产。在这种情况下，以上所述的磷反馈是无效的。

我的朋友、来自罗格斯大学的同事保罗·法尔科夫斯基（Paul Falkowski）相信事实就是如此。事实上，在他的模型中，海洋缺氧通过严重的氮限制影响初级生产率，使其降低。如果氮在海洋缺氧时期确实限制了初级生产量，结果就会产生一个相当有趣的正反馈。要明白这一点，想象一下我们所处的环境完全如上所述的情形：由于氮限制对初级生产量的影响，海洋大范围缺氧。现在，让我们想象一下由于某种原因大气中的氧气含量稍有增加。这将导致海洋中的缺氧状况得到改善。遵循上述逻辑，通过脱氮作用将使氮气损失率降低。因为硝酸盐以氮气的形式从海洋中移出减少，氮限制将会得到一些缓解，从而导致初级生产量和有机碳埋藏速率增加。这将产生更多的氧气，进一步降低海洋中缺氧的程度，等等。原则上，这种正反馈会一直持续到氮不再是限制性营养素。这时，磷反馈将会接替大气的氧调控。

我们还有最后一个反馈需要考虑。工作中常用到压缩气体的人知道，纯氧是很容易发生反应的物质，要远离火花和火焰，并且在通风良好的环境下使用氧气，或者应迅速从房间里移走烟道里多余的氧气。如果你家里有一个连接到呼吸面罩的氧罐，你知道规则：氧气设备周围应无烟、无火花、无任何火焰。所有这些预防措施的基本原因是可燃物在纯氧中比在空气中燃烧得更旺。燃烧实验表明，如果大气中的氧气含量比现在的氧气含量增加一倍，树和草等物质就会更易燃烧。所以，如果氧浓度太高了，陆生植物很难生存，因为一旦出现最轻微的火花（如来自闪电的火花），它们就会很容易燃烧起来。这个结论来自东英吉利大学安迪·沃特森（Andy Watson）主持的实验，作为他博士研究项目的一部分[14]。这意味着高氧气含量会导致森林火灾的蔓延并减少陆地上植物的生长。所以，这种火灾反馈对于限定大气的最高氧气含量可能是重要的。

幸运的是，对于地球上的所有生命，似乎都有许多自然过程（正反馈和负反馈）在调控和稳定大气中氧气的浓度。在后面几章里，我们将看到，在地球历史的不同时期，有不同的反馈在调控氧浓度的过程中起作用。解开这些反馈之谜使我们能够更充分地理解生物学和化学、地质学在塑造地球表面环境中的相互作用，以及这种相互作用是如何随着时间而改变的。

第六章
大气氧气的早期史：生物学证据

12世纪的法国沙特尔大教堂的哲学家伯纳德(Bernard)说过：

我们就像站在巨人肩上的小矮人，所以我们不仅可以比他们看得更清楚，看得更遥远，还不需要借助我们自己的视觉敏锐或者任何物理器具，因为我们站得很高，于是身材就如同巨人一般。[1]

这种感觉已经持续了几个世纪，今天还是像在900年前一样。在本章中，我们开始讨论大气中的氧气在整个地质时代的历史。讨论中的巨人之一是乌克兰矿物学家弗拉基米尔·维尔纳斯基(Vladimir Vernadsky)，后来成为地球化学家和具有远见卓识的思想家。维尔纳斯基生于1863年，逝于1945年，所以经历了令人难以置信的动荡，包括两次世界大战和沙皇俄国的垮台。1926年，他出版了巨著《生物圈》(The Biosphere)。在这部著作中，他系统地探索了生命是如何作为一种地质力量发挥作用的。在这部著作中，维尔纳斯基观察敏锐，思考深沉，提出的见解极为重要。他所涉及的一个主题是大气氧气的历史。他以如下的表述开启了这项讨论：

在所有地质时期中，生命物质对于周围环境的化学影响并无显著改变；这整个地质时期，对于地球表面，是同样的表面风化作用在发挥作用，无论是生命物质和地壳，其基本的化学组成与今天几乎无异。

维尔纳斯基对岩石作了长期研究，他所见到的是，生命对地球表面的影响一直是保持不变的。这使他在稍后的文章中得出了结论：

71

生命之源——40 亿年进化史

表面风化现象清楚地表明,游离态的氧在太古宙时期所起的作用与今天一样。远古时代有光合作用系统的领域就是游离态氧的源头,其质量与今天处于同一量级。

当我第一次读到这些段落时,我做了一个双重的选择。这是我见到的第一份关于全地质年代的大气氧气历史的叙述。当然,这个叙述并不是很详细,随着我们往下讨论,我们可能会不同意维尔纳斯基的结论。然而这其实并不重要。重要的是他设想大气氧气的历史是一个可以寻踪的科学问题。他确定了可以用什么证据来寻找踪迹,他在当时可以做得到的、有限的观察范围内这样做了。我认为他的工作做得相当酷。

虽然维尔纳斯基是俄罗斯的科学英雄,但可悲的是,在西方几乎没有人知道他。一部分原因是《生物圈》的第一部英译本在 1977 年才出版,而更重要的可能是,"二战"后的"铁幕"和冷战大大限制了苏联集团各国与西方的科学交流[2]。就我自己而言,是在大约 10 年前才第一次听说维尔纳斯基,而读《生物圈》还是最近的事。尽管如此,拜读其书,很清楚,维尔纳斯基说的是我能理解的语言。的确,他的很多想法都很符合我们对当前生物圈和地圈如何相偶联的理解。

但如果说维尔纳斯基真的被西方科学所忽略,西方又怎么能对他如此熟悉呢? 一种解释是,真正伟大的科学思想一定能洞察自然世界的机理,提出独特的见解。因此,科学必将回归于这些思想。如果一位科学家现在还做不到,那么往后一定会有另一位科学家做到。我们在第五章中就看到了这样的一个例子,雅克·约瑟夫·埃贝尔蒙于 1845 年准确地描述了调控大气中氧浓度的地质机制。但这些思想被湮没了。直到 130 年后,由鲍勃·加莱尔斯、爱德华·佩里和迪克·霍兰德独立发现[3]。所以,在西方国家,我们有可能是重新发现了几十年前维尔纳斯基所了解的许多东西。

维尔纳斯基的思想也可能是通过其他间接途径让我们知道的。

大气氧气的早期史:生物学证据

20世纪50年代和60年代,俄罗斯科学家领先于西方科学家理解了微生物在自然水域及沉积物中的化学过程中所起的作用。虽然我还没有证实这一情况,但鉴于维尔纳斯基在俄罗斯科学领域的地位,他肯定对战后那些微生物生态学家具有重要影响。尽管这项研究的大部分内容都是用俄文发表的,西方科学家无法获得研究内容,但在20世纪70年代和80年代,俄罗斯科学家和西方科学家之间有过几次重要的会议,这些会议的成果发表在一些有影响力的刊物上[4]。也许,至少在某种程度上,维尔纳斯基的思想通过这条途径传到了我们这儿。

但不管怎么说,对于维尔纳斯基的思想,我们特别赞同以下问题:我们如何能了解大气中氧气的历史? 当然,我们需要相关的线索。维尔纳斯基在古代沉积岩中找到了一些线索,这些沉积岩曾经是古代海底的一部分。事实证明,这是一个很好的想法。但我们有理由问,古代淤泥是如何保留有关古代大气中氧气含量的线索的? 让我们来看一看。

如果你曾经赤脚走过海边的泥滩,你会感觉到有淤泥挤入你的脚趾之间,也许在你的脚陷进淤泥里的时候,还会看到气泡。这些气泡是甲烷,由我们在第二章中说到的产甲烷菌生成。这些细菌在淤泥环境里依赖其中的有机物质生存。产甲烷菌的存在给我们透露了一些关于淤泥的化学成分和生存在其中的微生物的生态信息。也许你会闻到一丝硫化物的气味。这是由另一组微生物生成的,就是我们在前几章中说到的以有机岩屑为生的硫酸盐还原菌。还有另一条线索。你的脚趾之间还会有些硬邦邦的东西。伸手一摸,那是空的蜗牛壳。还有一条线索,淤泥中的有机物质也保留了线索,那是由死去的生物形成的。这些有机物质或存于浸泡淤泥的水里,或存于淤泥里。如果我们幸运的话,这些有机物质也可以告诉我们一些曾经生活在这一环境中的生物的信息。当淤泥颗粒沉到海底时就会与海水中的化学成分发生反应。在淤泥颗粒沉到海底某处有硫化物和甲烷聚集的地方，淤泥会进一步发生反应。甚至还有更多的线索。总之，淤泥里到处都是线索。随着故事层层展开，我们所面临的挑战是把线索整理出来，并了解它们是如何与大气中的氧气含量相关联的。所以，维尔纳斯基是对的，线索都在淤泥里，但理解这些线索却并不容易。

好吧，让我们抓一堆远古时代的沉积岩，并由此开始寻找线索。我们到出售岩石的商店，向柜台边的女士求购来自海洋不同深处的岩石（为什么不呢？进行比较也许很有趣）。我们采集全球 10 个地方（确保样本来源良好的覆盖范围）的岩石，并且以每隔 1 000 万年的时间间隔，从 45.5 亿年前地球诞生到 25 亿年前（太古宙的结束，这是本章的重点），逐段采集各时段的岩石样本。那可是很大一批岩石呢，但样本太多总好过太少。然而，导购女士吃惊得下巴都要掉下来了，她打开储藏室的门。我们马上就看出了问题，货架上几乎一无所有。店主再怎么愿意帮忙寻找也无济于事，我们要的岩石就是没有。事实上，货架上除了一些大约 40 亿年前的矿物小颗粒，什么东西也没有[5]。地球历史的最初 5 亿年基本上没有在岩石记录中留存下来。我们找到一些 38 亿年前的岩石，还有一些是 35 亿年前、32 亿年前、30 亿年前、29 亿年前、27 亿年前的岩石，甚至距今时间更近一些的岩石，并且 25 亿年前的岩石比较多，覆盖面较广。但是，总的来说，早期的地质记录非常缺乏。问题是，我们在第一章中所讨论的地质构造过程——俯冲、造山运动、风化作用，以及地球表面的岩石不断循环，所有这些过程都有助于使地球成为一个非常适合居住的星球，但也对地质记录造成了严重破坏。岩石越古老，就越有可能因风化而损毁，要不然就是因地裂而被卡住和变形。

感谢岩石商店的导购女士，我们带走了想要的岩石，然后继续寻找其他岩石。我们在附近一片树荫下歇脚，看看我们得到了什

大气氧气的早期史：生物学证据

么。经仔细检查，这些最古老的岩石，不仅数量实在不多，而且被严重破坏。我指的是其中有很多岩石曾经被高温炙烤过，有些还不止一次。高温使岩石中的原始矿物质变形变质。在这些我们所获得的最古老的岩石中，一个很有说服力的例子是，一些大约有 38 亿年历史的来自格陵兰岛伊苏阿(Isua)岩石里的原始有机物质，经过高温炙烤之后，已经完全转化成了石墨。你可以用这些岩石来写字（如图 6.1 所示）。这些来自格陵兰岛以及其他许多地方的岩石，在它们深埋在地壳里时，会有液体流经其间，在某些情况下，岩石的化学成分就会发生变化[6]。我在这里倒不是要让人灰心丧气，而是要现实地考虑到地质记录的局限性，特别是当我们回顾远古时代的事件时。然而，尽管有困难，我们还是可以了解到一些有关地球最早期的化学和生物学情况。我们将开始探索早期地球在生物学方面的情况。在本章中，我们将特别有兴趣寻找蓝细菌的任何迹象。记住，蓝细菌是地球上第一个产氧的生物，是第四章中的明星。如果没有蓝细菌，氧气就无法在大气中积累。下一章，我们将聚焦于为早期地球有氧存在提供化学方面的证据。

$$\delta^{13}C = -26 \permil \; [PDB]$$

图 6.1　图中的字母和数字是用来自格陵兰岛伊苏阿铁矿的沉积岩变质后形成的石墨写的。图中文字表示沉积物中一种典型的有机碳同位素成分。照片由米尼克·罗辛惠予提供

我们从格陵兰岛伊苏阿大约 38 亿年前的含有丰富石墨的岩石开始探索。我的朋友兼同事、来自丹麦地质博物馆（我们在第二章里提到过）的米尼克·罗辛的职业生涯的大部分时间都是在探索格陵兰岛的岩石。事实上，在他出生的时候，格陵兰岛对于他来说是一个具有特殊意义的地方。他的父亲詹斯·罗辛(Jens Rosing)是格陵兰岛一位著名的画家、插图画家、珠宝设计师和作家。在经过多年研究之后，米尼克发现了这些富含石墨的沉积岩,并立即认为它们可能是揭示地球早期生命本质的绝好证据。这些沉积物本身暴露在一块露出地面的岩石上,露出地面的部分不超过一辆汽车的大小,明显是沉积在深海水域中。这些富含石墨的岩层与沉积层相互交织在一起,称为浊积岩[7]。它们是在水位较浅的地方形成沉积,并迅速转移到较深的水域重新沉积而成的(如图 6.2 所示)。米尼克把石墨层解释为来自海洋表面水层的富含有机物质粒子的背景沉积。这些有机物质缓慢但不断地流出,偶尔被急速的浊积岩流打断。通过这种方式形成像夹心蛋糕那样的富含有机物质的沉积层和浊积层的交替变化。有机物质流入沉积物中的量必须相当多,才足以产生能写字的石墨。但是这些有机物质是从哪种生命形成的呢? 这是一个非常重要又十分困难的问题。它可能是由蓝细菌产生的吗?

图 6.2　格陵兰岛伊苏阿铁矿的沉积岩。注意近乎垂直、黑色的富含石墨的石层,从上部中央到左下角。右边也有类似的石层。照片由米尼克·罗辛惠予提供

这些沉积物已经过高温炙烤,无法提供任何化石证据表明曾经存在过哪种生物,但我们还可以利用其他证据。捡起一块石头,拿在手里反复琢磨,并多花点时间仔细观察石墨。这样,我们能找到一些线索吗[8]? 米尼克这样做了,并决定寻找保存在石墨里的碳同位素证据。为了理解这一点,我们要知道,在自然界里已发现碳有三种不同的同位素：碳 12、碳 13 和碳 14。大多数人都听说过碳 14，它具有放射性，形成于大气之中，但只存在几万年，所以我们对它已不再关注。碳 12 有 6 个质子和 6 个中子，而碳 13 有 6 个质子和 7 个中子。因此，碳 13 比碳 12 重约 8%（13/12＝1.083）。从化学性质上看，这两种碳的同位素几乎是相同的，但还不是完全一样。这两种同位素化学反应的微小差异就形成了我们可以发现和解释的信号。

现在回到生命问题。正如在第二章和第三章中所探讨的那样，许多生物通过从大气中获得的或溶解在水中的二氧化碳（CO_2）生成自己的细胞（如植物就是通过光合作用这样做的）。为此，生物必须把二氧化碳转化为有机物质。这是由多种不同类型的生化反应实现的，并需要多种酶参与。植物、蓝细菌使用的是二磷酸核酮糖羧化酶。这是我们在第三章中曾说到过的，但没有说的是，二磷酸核酮糖羧化酶优先利用二氧化碳里的碳 12，而不是碳 13。这意味着，相比于形成有机物质的二氧化碳中碳 12 和碳 13 分布，植物和蓝细菌里碳 13 大量减少（与此同时，碳 12 则含量较多）。现在，我们需要一种语言来解释这个比值。测定同位素比值的标准做法是利用质谱仪。样品的同位素比值通常用它与已知碳 13 与碳 12 同位素比值的标准物质的千分差来表示。但这样得到的数值较小，所以要乘以 1 000，使得到的数值容易讨论。对于碳系统，我们以 $\delta^{13}C$ 表示样品的同位素组成[9]。$\delta^{13}C$ 值越接近正值，样品中碳 13 含量越高。回到二磷酸核酮糖羧化酶，此酶优先选择碳 12，比外界环境二氧化碳中的碳 12 高约 2.5%。如果我们使用前述的表示方法，就意味着由二磷酸核酮糖羧化酶形成的有机物质相对于外界环境二氧化碳中的碳 13 减少 25‰[10]。

米尼克测定了来自伊苏阿的石墨的 $\delta^{13}C$，发现该石墨中碳 13 减少了大约 17‰（石墨中碳的同位素和在伊苏阿的其他沉积岩中无机碳的同位素之差），这与蓝细菌的产物相符合（如图 6.3 所示）。那么,我们是否有足够的证据表明蓝细菌在 38 亿年前就已经存在了?很遗憾,没有。问题是除了蓝细菌以外,许多生物也使用二磷酸核酮糖羧化酶,产生类似的碳同位素信号。因此,我们不能断定在伊苏阿有蓝细菌存在。但是,我们有很好的证据证明该地区有生命存在。伊苏阿的有机碳同位素信号表明有生命存在,地质环境也表明有生命存在。有机物质从海洋上层沉积下来,就像我们预期生物会在海洋上层中固定二氧化碳一样。事实上,如果不是来自生命,很难想象有机物质从哪里来[11]。尽管我们无法详细地知道是哪种生物,但我们有很好的证据表明,到伊苏阿那个年代,已经有某种形式的生命利用海洋上层水面中的二氧化碳制造有机物。

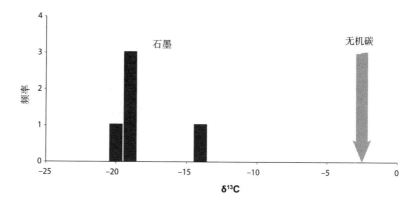

图 6.3 伊苏阿沉积岩中石墨和无机碳的同位素组成(频率分布分析只适用于石墨)

我们还能在别的地方发现蓝细菌吗?化石怎么样?在古代的化石里,我们看到过类似蓝细菌的东西吗?我们曾经常常这样想过。加州大学洛杉矶分校的比尔·邵普夫(Bill Schopf)以描述来自西澳大利亚州大约 35 亿年前的顶部燧石(Apex Chert)化石样结构而最为著名,其样品结构描述示例如图 6.4 所示。虽然这些燧石不是保存得很好,但有许多燧石结构似乎是由多个细胞组成,呈丝状排列(即毛状体),而这些细丝相当长(相对微生物标准而言),长度超过 50 微米(0.05 毫米）。比尔对不同微生物群的大小进行过几次整理，最终，蓝细菌往往比大多数细菌都要大。事实上，它们在不同大小范围内都占主导地位，与观察顶部燧石时所见到的那些相匹配。综合这些信息，比尔得出结论说，这些化石代表"可能的"蓝细菌。虽然还不是蓝细菌存在的证据，但这些燧石被认为是非常令人瞩目的证据。我说不是证据至少有两个原因，一是这些燧石保存得不是很好，除了大小以外，没有观察到令人信服的蓝细菌特征[12]。还有一点在当时就已知道，有一些不是蓝细菌的生物也会形成顶部燧石里所见到的大小和形状类似的细丝[13]。不过，尽管有这些问题，许多（甚至是大部分）人支持这些顶部燧石化石代表"可能的"蓝细菌的观点，并且这一想法存在了十年。

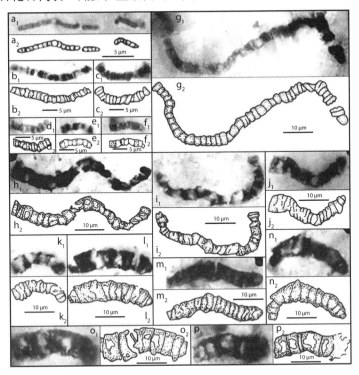

图 6.4 顶部燧石化石图。图片来自邵普夫和库德里亚采夫（Kudryavtsev）的研究结果（2012），并获准重新绘制

　　大约 10 年前,牛津大学的马丁·布拉席尔(Martin Brasier)重新检查了比尔的许多化石,这些化石是在特制的岩石薄片部分里找到的,可在光学显微镜下观察。通过改进的三维成像技术,马丁能够识别出与比尔的原始化石相关的分支特征,而比尔在他的描述中没有发现这些特征。马丁观察到的分支特征似乎不能明显地与微生物特征相匹配。马丁还仔细研究了岩石,寻找其他可能的生命特征。他发现岩石中有大量的有机碳,但它的大小和形状介于斑点与更加规整、类似化石的结构之间。最终,马丁得出与比尔完全相反的结论:最初被认为具有"蓝细菌"特征的那些东西,根本不是蓝细菌,事实上,它们压根儿不是化石。在马丁看来,这些伪化石最好是用无机过程加以解释。他解释说,这些有机物质在地球深处被加热到高温后在岩石中流动,它们聚集在石英颗粒周围,形成各种形状,甚至在某些情况下像化石一样累积起来。马丁还指出,沉积物的地质构造可能比最初的认识更为复杂。比尔把这些沉积物看作是在海滩或河口累积起来的东西,但最近的复原表明它们是在地球深处形成的。鉴于蓝细菌需要光线,地球深处不会是蓝细菌的理想环境,除非化石所在的某些岩石块从较为有利的环境中迁徙而来。

　　像高赌注的扑克游戏一样,马丁的观点迫使比尔作出回应。他用更先进的成像技术(拉曼光谱)确定,事实上"化石"壁是干酪根(一种抗性有机质),而干酪根至少在某些情况下,似乎会形成独特的类似于细胞的间隔(如图 6.5 所示)。马丁又反驳说,这些"细胞"只是覆盖在石英颗粒上的有机碳。比尔再次反驳说,事实并非如此。我们不太可能听到这场讨论的结束,但最初认为这些形状代表"可能的"蓝细菌的观点已不提了,甚至比尔也不提了。因此,如果争论的焦点是这些形状是否代表地球生命的早期证据,那么关键证据可能就在这儿了,但其他证据既古老又没那么有争议。事实上,正如上文所述,在伊苏阿的古老岩石里存在的碳同位素就是存在生

大气氧气的早期史：生物学证据

命的很好证据。此外，与顶部燧石的年龄类似的岩石里的碳同位素似乎也提供了生命的证据[14]。正如我们在第二章中所探讨的，也有证据表明，在那个时期已经有特殊的微生物代谢，诸如硫酸盐还原和甲烷生成。

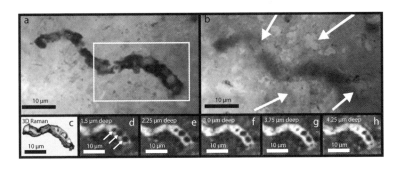

图 6.5　左上部(a)显示光学显微镜下的顶部燧石图像。下部(c)显示(a)内矩形区域的三维拉曼图像。(d－h)显示二维拉曼图像在不同聚焦区域的图像。右上图像(b)显示焦平面之外的化石，但如箭头所示石英颗粒周围无化石生成。图片来自邵普夫和库德里亚采夫的研究结果(2012)，并获准重新绘制

　　这样，另一种潜在的、有希望的关于蓝细菌遗迹的研究失败了。现在该做什么呢？还有什么能让我们看看吗？但实际上还是有一些其他种类的化石可能会提供帮助。当我们想到化石的时候，我们通常想到的是骨头或贝壳，或者是细菌、细胞本身。然而，细胞，尤其是细胞膜，也含有可留存在岩石中的化合物。细胞结构可能会被破坏不复存在，但它们的一些化学成分可能会留存下来，这些化学成分称为生物标志物。一些生物标志物在某些类型的生物中可以是独一无二的。这听起来很有希望，但也有一些重要的问题需要考虑。其中一个问题是，在我们考察的那些古老岩石中，人们期望找到的生物标志物分子极少。即使在最好的情况下，这些岩石也因为已经过高温炙烤，大多数可识别的生物标志物已变得无法辨认。另一个问题是受到年代较近的物质的污染，这种污染几乎无处不在。

由于岩石中的生物标志物含量极低，这个问题就显得更加重要。

这类研究的最佳岩石可经由地表钻探，获取埋藏在地表下的新鲜材料而得到。但正常的钻探通常需要用到石油润滑剂。这就会产生污染了！所以钻探必须小心进行，避免碰到有机物质。如果那些在地下某处静息不动的富含有机物质的液体，迁徙而流经岩石，则整个钻探从一开始就失败了。而这种事情可能在最初的沉积之后就已发生，已经历了几百万年甚至几十亿年。想想石油是如何流到地下石油储层的，你就全明白了。另一个问题是处理。即使我们能够说服自己已经收集了未受污染的样品，我们也必须小心，不要在储存和处理样品的过程中引入污染，这做起来比听起来要困难得多。松散的毛囊、灰尘、花粉、指印都是污染源，或者在核心材料储存的地方，也有大量脏污东西。这项工作不是笨手笨脚的人或者缺乏责任心的人所能担任的。

来自波士顿麻省理工学院的罗杰·萨蒙斯（Roger Summons）时刻担心着所有这些问题。他拥有一间研究真正古岩石中的生物标志物的实验室，这种实验室在世界上为数不多。他最近的一位非常有才华的研究生杰克·瓦尔德鲍尔（Jake Waldbauer）（现在芝加哥大学），对来自南非26.7亿年前到24.6亿年前的岩石进行研究。对这些岩石的钻探、收集和处理都非常小心。这些岩石本身没有发生任何明显的油气运移或成烃作用。在经过提取之后，从中找到了少量生物标志物，它们具有经高温炙烤后发生部分降解的有机物质的特征。这意味着岩石在后期没有遭受污染。总而言之，杰克、罗杰和他们的同事已经尽可能地做好这项工作。

他们的发现非常有趣。他们发现了许多不同类型的生物标志分子[15]。有趣的是，他们还发现了各种各样的甾烷分子。甾烷是由甾醇类化合物衍生而来的，其中胆固醇是一个众所周知的例子。甾醇集中在细胞膜上，它们有助于增强膜的流动性和弹性。事实上，

大气氧气的早期史:生物学证据

甾醇普遍分布于真核生物内,包括植物、动物和真菌[16]。就我们所知,甾醇在细胞中的合成需要氧气。因此,在有甾醇的地方,就有游离态的氧,但不一定很多。在别的研究中,杰克证明甾醇是由酵母合成的(是的,酵母也是一种真核生物),而酵母中氧气含量低于现今发现的空气饱和的水中氧气含量的十万分之一。因此,经过一系列精巧但有点间接的推理,可得出结论:甾醇的存在意味着氧气的存在,因而也意味着蓝细菌的存在。看来,杰克(和罗杰,以及其他参与研究的人)发现了至少在 26.7 亿年前的蓝细菌生成氧气的证据。我们终于有了可以指望的东西。然而,还只是"也许"。这里仍然有瑕疵,尽管杰克他们很注意,但是杰克的岩石里的生物标志物是否仍然遭受了污染。约亨·布罗赫(Jochen Brochs)曾是罗杰的学生,现在在堪培拉的澳大利亚国立大学,他坚持认为很有可能。时间将会证明一切。

这种对蓝细菌的探索有着令人眩晕的高度和令人沮丧的低点,最后以一种强烈的现实主义结束。这个问题很难。这些岩石的条件不太好,而且数量也没有很多。情况就是这个样子。然而,这并不意味着人们会停止探索。也许会有一个大发现——保存完好的 35 亿年前的蓝细菌细胞位于地下的某个地方,只是无法获得而已,未来或许会被偶然发现,或者被某个好奇的科学家想出办法而找到。也许还会发展出其他聪明的方法用以寻找蓝细菌。事实上,这就是下一章的部分内容。我们将研究早期地球的化学性质,看看我们是否能用化学方法发现任何氧气的迹象。

第七章
大气氧气的早期史:地质学证据

在我读博士,并刚刚对大气氧气的历史感兴趣的时候,解开这个历史之谜似乎是梦想家和业余爱好者的事,严肃的科学家不会在这个问题上浪费时间。似乎任何一个有古怪想法的人都可以到这个领域来提出想法,然后迅速撤退。很少有约束,所以再疯狂的想法也能被采纳。

当然,上述说法是夸张了。有一些非常严肃的科学家,他们竭尽全力想要揭示古代地球大气中氧气的历史。其中一位就是哈佛大学的迪克·霍兰德[1]。我在刚开始做博士研究时就接触到迪克的工作,并深为他通过复杂的数据和问题找出研究方法,从而发现简单真理的能力所折服(我的博士导师鲍勃·伯纳也具有同样的能力,我将在第十一章更详细地介绍)。这需要模式识别和横向推理能力,而我们大多数人根本不具备这种能力,但迪克却充分具备这种能力。听迪克说话,你常常会说:"是啊,当然是这样,但我为什么想不到呢?"但你就是没想到,其他人也都没有想到。

迪克在他漫长的职业生涯中研究兴趣非常广泛,但试图了解大气中氧气的历史则贯穿他的整个职业生涯。早在 1962 年,迪克就写了一篇题为《地球大气演化模型》的论文。论文以经典的陈述开始:"古生代最早期和晚期之间这段时期的大气构成,存在着大量的

大气氧气的早期史：地质学证据

不确定因素。"[2] 后来，他总结真实的情况是："在大部分地质年代里，关于大气的化学成分，只留下很少的证据。"

在这篇论文中，迪克从一个与弗拉基米尔·维尔纳斯基完全不同的角度研究大气中氧气的历史。我们在上一章说到过维尔纳斯基，他的观点是均变论，这是基于他观察的古代的沉积物与现今形成的沉积物非常相似。然而，自从维尔纳斯基时代以来，已获得了许多新的观测结果，使人们对大气中氧气含量在整个地质时期恒定的可能性产生了怀疑。1962 年，迪克的论文第一次试图勾勒大气中氧气含量的动态历史。这篇论文是迪克·霍兰德在多方面具有贡献的一个经典之作。迪克在这篇论文中巧妙地收集并讨论了与大气中氧气的历史相关的所有可用证据，然后把这些证据组织成一幅前后连贯的图画，并试图通过严密推理和细致建模，对过去的氧气含量予以量化。迪克所用方法的另一个特点是坦然承认存在的问题，并讨论未来可能会产出成果的研究。事实上，迪克能非常清楚地看到问题，这使得他的许多观察和讨论对今天仍然很有意义，为后续的讨论提供了框架。

本章的目标是探索早期地球大气中氧气的历史的地质学和化学证据，重点是太古宙。我们从调查迪克讨论的一些证据开始。为了进行调查，我们戴上安全帽，深入南非的金矿。这些矿山位于约翰内斯堡附近的威特沃特斯兰德（Witwatersrand）盆地，挖掘深度超过 3.9 千米（约 2.4 英里）。在没有冷却的情况下，矿井的温度会上升到酷热的 55 摄氏度；但是随着冷却装置到位，我们可以安全下降并观察岩石。这些矿山是世界上黄金量最丰富的金矿，估计采出的黄金占世界已采黄金量的 40%。我们仔细观察这些岩石，发现它们代表古代的河流沉积，其年代约为 31 亿年前到 28 亿年前。这些沉积物里的黄金被湍急的水流冲走，但偶尔也会卡在鹅卵石和沙砾间，形成河床[3]。这和 150 年前加州淘金潮期间开采的河流沉积很像。向导为我们提供了一个盖革计数器，并告诉我们这里除了黄金，还有许多其他值得寻找的东西。我们用盖革计数器在鹅卵石间扫描，偶尔能听到有"唧唧"的报警声响起。我们用放大镜寻找声音来源，发现声音来自一种球形颗粒，与周围的石英黏结在一起，但在性质和形状上，看起来更像周围的其他颗粒（如图 7.1 所示）。我们被告知，这是沥青铀矿石，一种氧化铀矿物（UO_2）。事实上，这片沥青铀矿石已经被磨成了球形。由此可知，它是被河水冲过来的，在流水中磕磕碰碰而成为球形，这和我们在这个古老河床中发现的其他沙子和鹅卵石的形状极其相像。

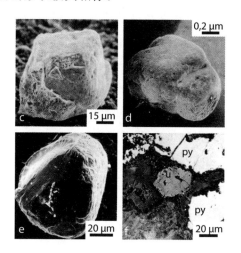

图 7.1 来自南非威特沃特斯兰德砂矿盆地的碎屑状黄铁矿（c 和 d）、沥青铀矿石（f）和铬铁矿石（$FeCr_2O_4$）（e）的扫描电子显微镜图像。铬铁矿石也对氧气敏感，虽然铬铁矿石氧化似乎要求有微生物和媒介以及氧化剂（如氧化锰）参与。有人在现今的河里找到碎屑状的铬铁矿石。图片来自乌特（Utter）的研究结果（1980），并获准重新绘制

但沥青铀矿石却不像其他的河流沉积物。今天在河流中找不到沥青铀矿石，因为它很容易与氧气发生反应，形成水溶性的铀酰离子（UO_2^{2+}）。迪克在其 1962 年的论文中已经认识到这一点，并用

威特沃特斯兰德的沥青铀矿石作为证据提出:在这些古老的河流沉积物形成的那个时候,大气中只有"微量"的氧气。随后,一场激烈的辩论对威特沃特斯兰德的沥青铀矿石实际上是沙子和鹅卵石的观点提出了挑战。一些人争论说,沥青铀矿石的源头与热液一起在岩石中循环流动,因此它的存在对古代氧气含量没有任何影响。然而,许多人仍然支持最初的解释,认为至少有一部分沥青铀矿石是古代河流沉积的组成部分。这些颗粒的形状支持这一论点。而且在确定年代的时候,一些沥青铀矿石似乎比它们所在的河流沉积物更古老。这表明,在风化过程中,沥青铀矿石从较老的岩石中分离出来,并像最初设想的那样,被河水冲走。

幸运的是,河流随带的沥青铀矿石并不局限于南非威特沃特斯兰德的古老矿床。西澳大学博格·拉斯穆森(Birger Rasmussen)和现在在华盛顿大学的罗杰·别克(Roger Buick),在西澳大利亚州的沉积物中发现了类似的河流随带的沥青铀矿石,这些矿石的年龄从32.5亿年到27.5亿年不等。与这些沥青铀矿石相关的还有圆形的黄铁矿(FeS_2,我们在第五章中第一次提到过),有时还有另一种叫菱铁矿($FeCO_3$)的矿石。黄铁矿在威特沃特斯兰德的沉积物中也非常丰富。像沥青铀矿石一样,黄铁矿和菱铁矿都对氧气敏感。你可以自己尝试做一个实验。几乎所有的矿石商店都有黄铁矿卖,你可以买一块便宜的黄铁矿在雨天里放在露天,看看会发生什么。

在加拿大(下一章还有更多例子)和印度的其他古老的河流沉积物中也显示有被河水冲来的沥青铀矿石和黄铁矿的迹象。把这些矿石放在一起,我们就有证据证明古代河流中有冲来的沥青铀矿石和黄铁矿,年龄为32.5亿年到24.5亿年。24.5亿年前以后发生的事情是下一章的主题,但已积累的证据支持迪克的观点,在太古宙时期,大气里至多只存在"微量"的氧气。

古代河流沉积物中存在的对氧气敏感的矿物是证明早期地球

大气中氧气含量很低的有力证据。但如果你收集更多证据就能更有说服力。为了找到这样的证据，我们从陆地转向海洋。在沥青铀矿石、黄铁矿和菱铁矿被当作沙子被河水冲刷的年代，海洋的化学性质与现今完全不同。你可能还记得，在第二章里我们讨论过在早期地球的海洋里，有一种岩石的沉积物叫条带状含铁建造（通常简称为 BIF），可以作为海洋化学成分与现今不同的证据。不过，我们没有透露太多细节。

现在，我们的目标是更深入地研究这些条带状含铁建造，并且更详细地探索它们对于早期海洋化学和大气中氧气含量的意义。为了做到这一点，我们订了去澳大利亚珀斯（Perth）的机票，租了一辆车，然后驱车向北大约 1 400 千米到达卡里金尼国家公园（Karijini National Park），以前是哈默斯利山脉国家公园（Hamersley Range National Park）。行车途中，我们会注意路上的袋鼠，它们在汽车前面飞奔而过而毫不在意。我们还特别注意公路上的火车。当看到远处火车扬起的尘土时，我们及时侧向路边，并且在火车经过时紧紧地握住方向盘。火车速度很快，据我所知，火车是不会为任何人或任何事改变路线的。我们还要紧盯油量表。在澳大利亚这块地区的地图上标出的城镇都是加油站，但很少，而且两个加油站之间相隔很远。错过一个，可能到不了下一个加油站，汽油就用完了。

从地质上来说，卡里金尼国家公园里的岩石属于哈默斯利盆地岩石。我们进入卡里金尼国家公园，驱车前往一个有河流穿过沉积岩层的深峡谷。我们下到峡谷底部，更仔细地观察岩石。我们首先被岩石的颜色所震撼：血红色与浅红色、灰色、白色岩层交替排列。抬头环顾四周，这样的分层在各个方向都很明显。我们还记得，当驱车前往峡谷入口时，类似岩石绵延数千米不断。

这些岩石中的红色是由于富含铁矿石。它们就是之前讨论过

大气氧气的早期史:地质学证据

的条带状含铁建造的例子,充分揭示了岩石形成时期海洋的化学成分[4]。首先,这些岩石在空间和时间上都有广泛的分布。简单地说,它们是从早期地球以来就常见的岩石类型。其中,岩石中的铁,如此丰富的含铁量通常存在于绵延数千米或更远距离的岩层中。事实上,理解所有这些铁的起源以及它们如何进入海底,就可深刻了解海洋和大气的化学成分。

要理解这一点,我们需要了解铁(Fe)的化学性质。众所周知,有纯铁,但在地球上很难发现纯铁,所以我们不考虑纯铁。我们查看一下之前放在后院的黄铁矿(见第五章),这是一种立方体,雨天里我们故意把它们放到外边。不必放太久,只要经过一段时间,应该会看到表面上有红褐色的铁矿物质形成。这基本上是铁锈。有氧气存在,地球上的大多数铁要么已经变成铁锈,要么将要变成铁锈(想想在冬季撒盐的道路上行驶了 5 到 10 年后的汽车)。铁被氧化形成铁锈,用化学术语说,就是与单质铁相比,每个铁原子都失去了 3 个电子,变成铁离子,可写成 Fe^{3+}。从我们的角度来看,可以把它想象成:氧+铁=铁锈,铁锈在化学上是稳定的。

我的祖父母在密歇根湖的湖边曾经有一间小屋,给小屋供水的是一口深井。我们被告知不要喝井里的水。对一个 7 岁的男孩来说,这反而是强烈地鼓励我喝一喝。原来,井水有一种特殊的金属味道,这是很多人可能都知道的。我把一杯刚从井里打出来的水放在桌子上,几分钟后,玻璃杯的内壁上就开始结起褐色的锈斑。从化学的角度说,金属的味道来自还原态的铁,即每一个还原态铁原子比氧化态铁原子多了一个电子。这是亚铁(我们在第二章里第一次提及),写作 Fe^{2+}。亚铁是可溶于水的,而且在水中不稳定,但正如我儿时的实验所证明的,亚铁会与氧气发生反应,形成不溶性的铁锈。

这是理解条带状含铁建造的关键。它们巨大规模和纤薄分层意味着铁是以可溶物质的形式穿过海洋深处流到这里的,因此是在无氧环境下完成的。当亚铁进入海洋上层时会被氧化,可能是被我们在第二章里提到的同样的光合铁细菌氧化的,或者是被蓝细菌在表面水层里产生的少量氧气氧化的(如果它们存在)。老实说,我们并不知道亚铁是如何被氧化的,但最终的结果是不溶性的铁氧化物沉落到海底,然后形成条带状含铁建造。我们将在第九章更详细地探讨这个问题,但亚铁在深海传送需要无氧条件,这就要求大气中的氧气含量远低于今天的数值。

所有这些证据都证明了太古宙时期的大气中的氧气含量较低。这些证据本身就已令人瞩目,但仍远远比不上另一种出人意料而又十分新奇的论证。这种论证之前居然没有人看出来。1999年,我的好朋友和同事詹姆斯·法夸尔(James Farquhar)在加州大学圣地亚哥分校的马克·蒂门斯(Mark Thiemens)实验室做博士后。一天晚上,他用马克实验室的质谱仪测定硫化物的同位素组成。当测定结果在屏幕上显示时,詹姆斯有些惊慌。突然出现了一件很奇怪的事情,他确信自己把仪器用坏了。他停下工作,有些生气地回到家里,心里想着如何把坏消息告诉马克。第二天早上,他的头脑更加清醒一些,又试了几个样品,发现原来的观察结果是正确的。在测试了一系列标准样品之后,他确信仪器工作正常。在对数据再三作了思考之后,他现在可以告诉马克,他没有弄坏质谱仪,而是发现了一种全新的方式来理解早期地球上大气氧气的动力学过程[5]。

我们看看詹姆斯做了什么以及他看到了什么。他的目的是测定古代沉积岩中硫化合物的同位素组成。硫有四种稳定的同位素:^{32}S,^{33}S,^{34}S 和 ^{36}S[6]。就天然丰度而言,我们发现大多数硫是 ^{32}S,占硫元素总量的 95%。^{34}S 少得多,占总量的 4.21%;^{33}S 和 ^{36}S 含量

大气氧气的早期史:地质学证据

更少,^{33}S占总量的0.75％,^{36}S占总量的0.02％。几十年来,地质学家一直只关心测定^{34}S和^{32}S的比值。这有两个原因。一个原因是这两种同位素含量最丰富,因此也最容易测量。另一个原因是,按照标准的思维方式,我们选择哪种同位素加以观察应该是没有关系的(所以,为什么不选最易观察的呢?)。就是说,如果某个过程偏好一种同位素而不偏好另一种同位素(分馏效应),那么同一元素的所有同位素的性质都应该可以预测,正如我们在第六章讨论碳时所看到的那样。某种同位素受偏好(分馏)的程度取决于同位素的质量,具体说来就是这样:^{32}S和^{33}S之间有一个质量单位差$(33-32=1)$;^{32}S和^{34}S之间有两个质量单位差$(34-32=2)$;^{32}S和^{36}S之间有四个质量单位差$(36-32=4)$。事实上,如果能够将同位素进行分馏,那么^{32}S和^{33}S之间的分馏效应应该只是^{32}S和^{34}S之间的分馏效应的一半。^{32}S和^{36}S的分馏效应该是^{32}S和^{34}S之间分馏效应的两倍。几乎所有发生硫同位素分馏现象的生物学过程和地质学过程都遵循这些模式。这样的分馏称为质量相关,因为分馏程度取决于同位素之间的质量差。

詹姆斯看到了一些非同寻常的东西。在太古宙时期的岩石中(岩石的年龄大约在23亿年到24亿年),这些同位素的测试结果并不像预期的那样,分馏效应与质量无关;相反,它们偏离了这种趋势,产生了非质量硫同位素分馏效应信号。这种关系如图7.2所示。图中Δ^{33}S参数是指基于质量相关行为所预测的值与观测值之间的差。如果Δ^{33}S是0,那么分馏就像我们预测的那样,实际上在24亿年前到23亿年前之后的情况就是如此。这种向正常行为的转变将是下一章的重点,但我们都认为,24亿年前到23亿年前所发生的情形有些异常。但它是什么呢?

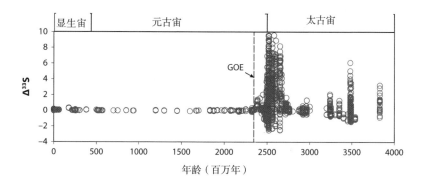

图 7.2　地球全历史时期非质量硫同位素分馏效应信号汇集,以 $\Delta^{33}S$ 表达(详见正文)。本图也展示了地球历史上的主要年代及大氧化事件(GOE)(下章讨论)。詹姆斯·法夸尔惠予提供数据

几乎所有 24 亿年前的含硫沉积岩都受到它的影响,因此产生这些异常的分馏过程(或多个过程)是一种大规模的全球性现象。要了解这些非质量分馏效应的原因,我们需要考虑硫从何而来,以及它们如何进入沉积物中。现今,河流以硫酸盐的形式向海洋提供大部分的硫。硫酸盐来自有氧条件下黄铁矿的风化以及含硫酸盐的岩石(通常是石膏)的溶解,石膏是在早期通过海水的蒸发形成的。还记得我们在第四章中曾与戴夫·马利斯一起进入有美丽蓝细菌席的墨西哥盐业公司的事吗? 在那次行程中,我们经过几个池塘,那里就有石膏在沉积,这发生在海水浓缩到成盐(NaCl)浓度之前。

无论如何,只要河流能够源源不断地提供,硫酸盐就可以在海洋中积累到相当高的浓度。然而,没有氧气,黄铁矿就无法氧化形成硫酸盐。我们在威特沃特斯兰德和相关的太古宙时期的河流沉积物中看到了这样的证据,那些证据显示黄铁矿没有被氧化成为河沙。如果没有来自河流的硫酸盐,海洋中的硫酸盐浓度就会变得非常低[7],这时,至关重要的是其他硫酸盐的来源很可能就变得有意义。

大气氧气的早期史：地质学证据

沿着这条推理路线，詹姆斯认定，大气提供的硫是有意义的，因为这一效应覆盖全球。并且，他认为火山可能提供了一个很好的硫源。事实上，早在 1962 年，迪克·霍兰德就已经认识到火山喷发的硫对早期地球表面环境的可能的重要意义。今天，如果你测定从火山喷发出来的气体，就会发现主要的含硫气体是二氧化硫，即 SO_2。在这些气体里也发现了硫化氢（H_2S）。主要是 SO_2 还是 H_2S 则取决于火山气发源地所在地幔的化学成分。然而，地幔的化学成分在整个地球历史中可能几乎没有变化[8]，因此，二氧化硫可能也是地球早期最重要的火山硫类型。

受最初发现的激励，詹姆斯进行了一系列实验。他将二氧化硫气体置于不同波长的紫外线下。这些不同波长的紫外线具有不同的能量，可以将二氧化硫气体转化成其他化学成分。詹姆斯发现他能够用这种方式产生非质量硫同位素分馏效应，这种分馏效应类似于从太古宙的沉积岩中观察到的非质量硫同位素分馏效应。

因此，可作出一个合理的推断，詹姆斯在太古宙岩石里所观察到的非质量硫同位素分馏效应是由紫外光线与火山喷发出的二氧化硫气体之间的相互作用引起的。现在，真正令人惊叹的是：导致二氧化硫非质量硫同位素分馏效应的紫外线，现今大部分被地球臭氧层吸收。而臭氧是由大气中的氧气生成的。如果没有氧气，也就没有臭氧，那么就能够得到詹姆斯所观察到的非质量硫同位素分馏效应。

然而，即使你产生了一个非质量硫同位素分馏效应信号，你还需要将它保存下来。我们再回到吉姆·卡斯汀和他的博士后亚历克斯·巴甫洛夫（Alex Pavlov）的研究工作，前者我们在第一章提到过。他们用一种复杂的大气光化学模型来研究这个问题，并得出结论说，保存非质量硫同位素分馏效应需要大气中的氧气含量比现在的氧气含量低 10 万倍（即小于目前水平的 0.001％）[9]。因此，詹姆斯的结果，加上大气模型，给我们提供了一个重要的古代氧气压计，并显示早期地球上的氧气含量一定非常非常低。这与迪克·霍兰德的最初观点完全一致。

有人可能会想要结束这个故事，但幸运的是，科学家们是一群好奇的人。很难告诉他们该怎么想。他们不断地戳戳这里、探探那里、问这问那，试图找出新的东西。在世界上的两个地方，有两个不同的小组正在密切地观察太古宙后期的沉积岩。一个小组由澳大利亚国立大学的马丁·威尔（Martin Wille）领导，正在研究 26.5 亿年前到 25 亿年前之间的南非的岩石。另一个小组由亚利桑那州立大学的阿里尔·安巴尔（Ariel Anbar）领导，正在研究来自西澳大利亚州（离上述我们访问的哈默斯利峡谷不远）的 25 亿年前的岩石。让我们看看他们做了哪些研究。

这两支团队都问了同样的问题：他们能否在地质记录里识别出某种对氧气敏感的矿物相，形成能用某种手段观测到的化合物？这种方法可能非常敏感。例如，假设我们有一种矿物，在低氧环境中只氧化了一半，或者可能只氧化了 10%。虽然部分被氧化，但这种矿物质仍然可以保存在河流沉积物中，就像我们在上面所探索的那样，它表明了河流的低氧环境。但氧化产物也会被释放出来，如果被一些好奇的科学家发现这些氧化物，就能够证明尽管氧气含量低，但仍然有一些氧气存在。

一种值得探索、很有希望的元素是钼（Mo），两个小组都专注于研究这一元素。在早期地球缺少氧气条件下，钼很可能主要以硫化钼（MoS_2）的形式存在于岩石之中，或者作为一种微量成分存在于黄铁矿中。在缺氧条件下，这种形式的钼在化学上被还原并保持稳定。然而，在有氧气存在的条件下，钼的硫化物相很容易被氧化为水溶性并且可移动的钼酸盐离子（MoO_4^{2-}）。这种离子一旦形成就会被河流带入大海。因此，如果大气中没有氧气，就不会有钼酸盐被带入海洋中，海水含钼酸盐的量因而可以忽略不计。但增加大气

大气氧气的早期史：地质学证据

中氧气含量，海洋里钼的浓度就会上升。

两支团队都在他们探索的古代沉积物中寻找是否有钼富集物，并且都找到了（如图7.3所示）。元素铼（Re）的表现与钼相似，而且两支团队也都发现了铼富集物。因此，两支团队都独立地发现了氧气与地球表面的化合物发生反应，而在此期间，非质量硫同位素分馏效应的记录也表明大气里有含量极低的氧气。

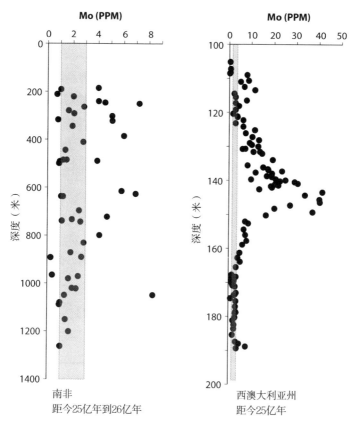

图7.3　来自南非和西澳大利亚州岩石的钼含量。灰色长条（陆地地壳与河流粒子的平均值）之外的数值代表钼含量丰富，也是太古宙时期"一丝丝"氧气的证据

生命之源——40 亿年进化史

这是否意味着詹姆斯错了？不，不是。相反，它表明钼和铼可以在氧气含量极低的环境中被氧化并流入河流中，比使非质量同位素分馏效应消失的氧气含量更低。这也意味着，并且很重要，蓝细菌是在 26.5 亿年前到 25 亿年前生成氧气的。结合第六章所示的甾烷生物标志物证据，我们现在有两条独立的线索证明在大气中氧浓度还很低的年代，已存在蓝细菌。阿里尔·安巴尔把这个太古宙晚期的氧脉冲称为"一丝丝"氧气。这个名字固定了下来，但问题是，为什么只是"一丝丝"氧气？如果周围存在蓝细菌，为什么大气中的氧浓度这么低？

早在 1962 年，迪克·霍兰德可能就有了正确的想法。在第五章中，我们介绍了从火山会喷发出各种各样能与氧气发生反应的气体，并与大气中的氧气迅速发生反应。如果这些气体进入大气的速率足够快，它们就会超过氧气进入大气中的速率，正如我们在第五章所介绍的那样，氧气进入大气中的速率是由有机碳和黄铁矿的埋藏率所控制的。如果是这样的话，氧气被释放进入大气是相当活跃的，但是氧气不会积累到可观的量，因为火山释放出来的气体与氧气发生反应，消耗了大气中的氧气。正如上一章所讨论的，我们不太清楚蓝细菌最初是在什么时候进化形成的。如果它们在 26 亿年前到 25 亿年前就进化得很好，那么在相当长一段时间内，火山喷发出的能与氧气发生反应的气体显然超过了氧气的释放速率。但在 26 亿年前到 25 亿年前，氧气的释放速率和火山气体的耗氧量似乎是平衡的，有时平衡会偏向氧气的释放速率，使大气中有"一丝丝"氧气，有时平衡会转向氧气的消耗，那么大气中的氧气就会消失。

接下来的问题就变成氧气在什么时候，以及如何越来越多，并且超过"一丝丝"的含量，然后永久地成为地球大气中的重要成分？这就是下一章要讨论的重点。

第八章
大氧化事件

  1990 年,我获邀参加加州大学圣塔芭芭拉(Santa Barbara)分校的一次工作面试。学术面试是非常累人的事情,通常长达整整两天,与教师们进行讨论。每个人都在寻找既有才华又善教学的超人,并且还要具有良好的个人品格和兴趣爱好,以紧密联系院系中的不同派系,这些派系已是多年不发声了。像往常的面试一样,我参加了一个系的研讨会,会上讨论了我的工作,并提出了一些关于未来我的工作可能方向的若干想法。普雷斯顿·克劳德(Preston Cloud)当时在场。他当时由于健康状况不太好,仅仅是出席而已,但即便如此,他的存在也让我很紧张。我定了定神,说了一通,还算不错(但不是很好,我没有得到这份工作)。克劳德自始至终注意地听着。等我说完,他走过来,握了握我的手,说他很欣赏我所说的想法。我们交流了一些关于耶鲁大学的赏心乐事,他的博士学位也是在耶鲁大学获得的,然后他离开了。我再也没见过他,并且在一年后,他去世了。

  普雷斯顿·克劳德通向学术研究的道路是曲折而多变的。对于他这一代的科学家来说,这是很常见的,但对于今天的科学家来说,这是不寻常的。普雷斯顿·克劳德生于 1912 年,1929 年完成高中学业后,在海军服役,他在那里以拳击见长。他于 1933 年大萧条期间退役。尽管当时经济困难重重,但他还是成功地找到了工作,并得以在乔治·华盛顿大学就读夜校。即使时间紧张,他还是在四年的时间里完成了学业,之后进入耶鲁大学成为一名研究生。在克劳德获得了他的博士学位后,他在密苏里矿业学院(现为密苏里科技大学)执教了一年,但于 1941 年被美国地质调查局(USGS)征召进入战时战略矿物项目研究。战争结束后,他接受了哈佛大学助理教授的职位,但在两年后离开哈佛大学,重新进入美国地质调查局担任首席古生物学家。他在那个职位上工作了 10 年。随后,克劳德又进入明尼苏达大学,他对早期地球问题的兴趣就是在那里萌发的。这是有道理的,因为明尼苏达大学非常靠近条带状含铁建造和其他地球早期岩石所在的区域。1965 年,他离开明尼苏达大学前往加州大学洛杉矶分校。三年后,他最终进入加州大学圣塔芭芭拉分校,在那里,我在他生命的最后时期遇见了他。

普雷斯顿·克劳德曲折的职业道路,以及他不断变换的工作岗位、担当的责任和经历,毫无疑问为他提供了形成某种真正的伟大思想所需要的广度和深度。在我看来,他志向远大,是在维尔纳斯基的高度上作思考。事实上,在很多方面,维尔纳斯基和克劳德有相似的视野。他们研究的中心都是想把生物学和地质学对接起来。但维尔纳斯基最关心的是理解生命如何作为一种地质力量,而对地球历史的兴趣是第二位的。对克劳德来说,对地球历史的研究是主要的,他尤其感兴趣的是解开生命进化与地球表面环境的化学演化之间的联系。1968 年,克劳德发表了第一篇有"重大思想"的论文,其论文标题是《原始地球上的大气与水圈演化》(*Atmospheric and hydrospheric evolution on the primitive Earth*)。他在 1972 年的一篇论文中进一步拓展了自己的思想,成为地球科学史上具有最佳标题的论文之一:《原始地球的工作模型》(*A working model of the primitive Earth*)。用了这样的标题,论文内容必须足够精彩,而这篇论文也确实没有让人失望。

第八章

大氧化事件

克劳德的论点是,地球生物进化和化学演化的历史是相互交织在一起的。当时并没有多少证据支持这一观点,但作为一名伟大的科学家,克劳德能够看到这层交织关系,并根据所获得的有限信息建立起两门学科之间的联系。但我们将不再像克劳德那样研究所有的地球历史。相反,我们将专注于地球历史的一些特定内容。

我们从上一章结束的地方开始讲述。有证据表明,在太古宙时期,低氧环境占据主导地位(在太古宙时期接近结束时,明显有"一丝丝"氧气)。就像之前的迪克·霍兰德一样,克劳德也得出了同样的结论(尽管没说是"一丝丝"),但又向前迈进了一步:如果太古宙时期的大气氧浓度很低,那大气氧浓度在什么时候开始升高的? 为了回答这个问题,他想起,当年在明尼苏达大学工作时攀登安大略休伦(Huron)湖北部岩石的经历可以帮得上他(如图 8.1 所示)。这里的岩石群是一个庞大的地质构造序列的一部分,被称为"休伦超群(Huronian Supergroup)",岩石的年龄从 22 亿年到 25 亿年不等,包含了我们的研究兴趣所在的年代。克劳德注意到年龄在 24 亿年到 25 亿年的更为古老的那些岩石[1],含有古代河流的沉积物,其中有碎屑状的沥青铀矿石和黄铁矿,类似于我们在上一章中讨论过的来自南非的岩石。但在较年轻的岩石中沥青铀矿石和黄铁矿就消失了,就像条带状含铁建造(BIFs)那样没了任何踪迹。

克劳德还注意到处于地质构造序列上部的一些砂岩中有一种颜色特别深的红色锈迹(如图 8.1 所示),在这些深红色的锈迹上层能够观察到碎屑状晶质铀矿和黄铁矿。这些岩石被称为红层,红色反映的是氧化后的铁。然而,这些岩石与我们之前看到的条带状含铁建造有很大的不同。在多数情况下,红层形成于陆地或浅水区,并且虽然红色很显眼,但不含有特别多的铁,与条带状含铁建造不同[2]。

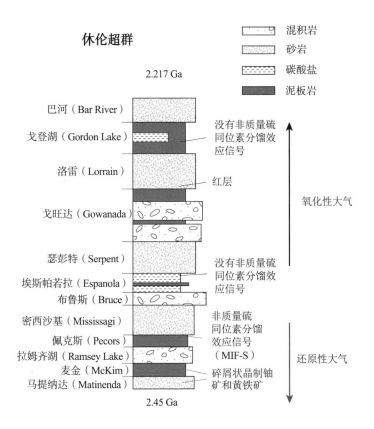

图 8.1　休伦超群的一般地层学。图中显示地球表面氧化历史的主要事件。氧指示剂显示大氧化事件发生在第二次冰川事件之后(以布鲁斯混积岩为代表,混积岩是一种冰川沉积物)。MIF-S 信号是指第七章中讨论的非质量硫同位素分馏效应信号。图片来自关根(Sekine)等的研究结果(2011),获准使用并稍有修改

　　把所有这些证据放在一起,首先是普雷斯顿·克劳德,后来是迪克·霍兰德提出,在 24 亿年前到 23 亿年前,大气中氧浓度大幅增加。在较高氧浓度的大气中,晶质铀矿和黄铁矿被完全氧化。此外,克劳德还认为,随着大量氧气进入深海,条带状含铁建造不再沉积,而氧化亚铁被氧化为铁锈。相反,红层是在充满氧气的大气里经过陆地上风化作用的直接结果。迪克将这种转变称为高氧浓度

大氧化事件

下的"大氧化事件"(great oxygenation event),简称 GOE。大氧化事件代表了大气中氧气含量的大幅提升,这是一件大事。

这也是一个内容丰富的故事,但是克劳德和迪克收集证据时却有一个困难,即含有碎屑状晶质铀矿和黄铁矿,以及包含陆地红层的岩石,在地质编录中并没有连续的记录。因此,我们据此判定大氧化事件发生的时间是相当困难的。然而,还有另一条途径可以让我们更精确地探索大氧化事件的时间。按照这种想法,我们回过头来研究詹姆斯·法夸尔的硫同位素。回想一下上一章,非质量硫同位素分馏效应是太古宙时期的规则,而且这种分馏效应可能是在大气中氧气含量非常低的情况下形成的。硫同位素的一个优势是大多数的海洋岩石都有某种硫可供我们分析。岩石通常是黄铁矿,但有时也可能是硫酸盐矿石。在大氧化事件前后,海洋岩石几乎一直都存在,因此来自这些岩石的硫同位素应该能够体现一段更加完整的氧气的历史。

那么,回过头来研究测定安大略南部的岩石中硫的同位素。事实上,这是由波士顿学院的多米尼克·帕皮诺(Dominic Papineau)以及詹姆斯·法夸尔和他的团队完成的。此外,詹姆斯和他的同事也分析了来自南非的差不多年代的岩石,也就是所谓的"德兰士瓦(Transvaal)超群"。结果表明,在晶质铀矿末期和早期红层之间(如图 8.1 和图 8.2 所示)的岩石中非质量硫同位素分馏效应信号转换成了"正常"的质量相关信号。趋同! 这一转变是大氧化事件的标志,至少是因为它影响了非质量硫同位素分馏效应信号。我们最好的理解是,在 23.5 亿年前到 23 亿年前,氧气含量上升到比现有水平高 0.001%。事实上,可能比这个水平要高得多。就是这么个情况。但暂时就说到这里,不急于继续讨论,一些重要的问题还没有解决。例如,我们还没有解释是什么导致了大氧化事件。我们也没有讨论在大氧化事件期间氧气含量是如何升高的。还有,大氧化事件对生物学有什么明显的影响吗？我们在本章重点讨论第一个问题，第二个问题留待下一章讨论，第十章讨论最后一个问题。

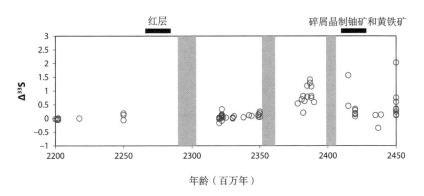

图8.2　休伦超群的非质量硫同位素分馏效应信号变化。图中也显示了红层和碎屑状晶质铀矿和黄铁矿所处的地层水平。灰色区域表示冰川时期。硫同位素数据由詹姆斯·法夸尔提供

那么，是什么导致了大氧化事件呢？老实说，学术界已经提出了很多见解，在此不一一讨论，只概述几种最有前景的解释。零假设，也是最简单的假设：大氧化事件代表蓝细菌的进化，就是这么简单。这一想法是由加州理工学院的乔·克什维克（Joe Kirschvink）提出的。乔以经常跳出框框思考而闻名，他为现代地球科学贡献了一些最具创造性的想法[3]。在这场关于大氧化事件的辩论中，乔故意唱反调，并特别承认他持有"怀疑论"的观点。他提出了以下问题："地质证据什么时候要求有产氧光合作用存在？"对于我们之前讨论过的关于在大氧化事件之前有蓝细菌存在的证据，他几乎全盘接受。但是，他把大部分的精力都花在了甾烷证据证明大气中含氧气上，这是我们在第六章所探讨过的。

回想一下，据我们所知，在合成甾烷过程中对氧气有绝对的要求，因此，在古代环境中发现甾烷就是有氧气存在的一个很好的证明。我们也注意到污染是一个大问题。乔也提出了这一观点，但他

大氧化事件

的主要论点是,尽管已知甾烷形成的生化途径需要氧气,但在整个地球历史上,并非一直如此。他指出,在甾烷合成的几个有氧步骤中,可能有相应的厌氧步骤不需要氧气参与。虽然已知的生物中没有任何一种能进行厌氧(不需要氧气)甾烷合成,但乔认为在有氧可供使用时,无氧途径会被需氧途径所取代。乔的假设可能是正确的,但是没有证据就难以为其辩护。也许这只是方式的问题,但我更倾向于地质记录的解释,并且应该是建立在证据确凿的路径和过程之上的地质记录。说到这一点,我很欣赏那些寻找"标准智慧"的非传统解释的人。一旦乔或者其他人找到厌氧甾烷的合成途径,我会很高兴地改变我的观点。

还有一个问题,就是我们在上一章中讨论过的"一丝丝"氧气的问题。在我看来,乔回避了这个证据。他并没有真正解释为什么钼可以在没有氧气的条件下从陆地释放而进入海洋。还有,为什么富钼现象和陆地上的氧化风化作用的其他证据(如铼也很丰富)关联在一起?在我看来,解释地质证据的最好方法,诚如我们在上一章所讨论的那样,就是接受蓝细菌在大氧化事件之前已经进化。因此,我们面临的挑战是要留意其他原因,用于解释为什么在大氧化事件中氧气含量增加。

如果我们再看一看第五章所探讨的氧气的调控,或许我们可以获得更多的认识。如果你还记得的话,氧气最终来源于埋藏的黄铁矿和沉积物中的有机碳。也许我们能在地质记录中看到一些支持的证据?硫的故事很有趣,我们将在下一章中讲述,但是此处请相信我的说法:没有证据表明是黄铁矿的大量埋藏导致了大氧化事件。那么,是不是因为碳的大量埋藏呢?为了探索这个问题,我们需要回到同位素。基本的故事是这样的。自然界中碳有两种主要的存在形式,一种是无机碳,如大气中的二氧化碳和天然水域里的碳酸氢根离子(HCO_3^-)[4],另一种是有机碳,存在于生命体中。无机碳主要从河流进入海洋,并且主要是以碳酸氢盐的形式;而碳离开海洋则可能以有机碳形式,即生物的残余物,或是以某种类型的碳酸钙矿物质形式,如贝壳、珊瑚和石灰岩。很简单,进入海洋的东西最终必须离开海洋。碳以无机碳的形式进入海洋,而离开海洋则可能是以有机碳形式,也可能是以无机碳形式。

但碳有同位素。进入海洋的无机碳中包含碳 13 和碳 12 原子,我们通常认为碳 13 和碳 12 原子的比例很少随时间推移而变化。正如我们在第六章中所探讨的,由固碳生物如蓝细菌和藻类(这些是今天海洋中生成有机物质主要的初级生产者)生成的有机碳中比相同条件下生成的无机碳中含有更多的碳 12。这就意味着无机碳中的碳 12 较少,换句话说,含碳 13 较多。我们从海洋中移除的有机碳越多,海洋里就会有越多的富含碳 13 的无机碳。我们马上可以明白,如果有机物质从海洋移除的速率很高,那么海洋无机碳中将含有大量的碳 13。

我们可以测定古代岩石有机物质中碳 13 与碳 12 原子的比例,就像米尼克·罗辛对格陵兰岛伊苏阿的岩石所做的测定那样(第六章)。而且由于无机碳也以石灰石形式(和动物进化后的贝壳)被移除,我们也可以测定无机碳中碳 13 与碳 12 的比例。这样,我们可以将各个年代的有机碳和无机碳中碳 13 与碳 12 比例整理成为一份记录。在第六章中,采用 $\delta^{13}C$ 值讨论这些碳同位素比例,我们在本章也将采用这种方法。

看一下获得的数据(如图 8.3 所示),并把注意力集中在大氧化事件的阶段(即在 23.5 亿年前到 23 亿年前)。实际上,在这段时间里,无机碳的 $\delta^{13}C$ 大大提高,这一时期的数值被称为"拉马甘迪"(Lomagundi)同位素漂移。显然,这是地球历史上最大的碳同位素漂移。1996 年,迪克·霍兰德和他的同事赫尔辛基大学的尤哈·卡尔胡(Juha Karhu)首次充分认识到这个漂移[5]。他们把这一漂移,

大氧化事件

以及与此相关的有机碳的脉冲,看作造成大氧化事件的氧气来源。
问题似乎解决了。但是,如果你再次仔细地看这个图表,就会发现
所得数据并不太合乎情理。最近的和更好的年代测定把拉马甘迪
同位素漂移推迟到大氧化事件之后,而不是在大氧化事件期间,这
个结果很有道理。我们被迫另找原因。

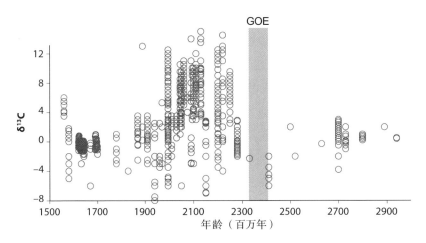

图 8.3　无机碳的同位素组成显示了从 23 亿年前到 19.5 亿年前跨年代的拉马甘迪同位素事件,也显示了大氧化事件

为了介绍下一个可能的原因,我们从上一章中所讨论的太古宙
晚期那些转瞬即逝的"一丝丝"氧气开始。在存在这些"一丝丝"氧
气的时期,大气里似乎出现几次周期性的氧气脉冲,但结果是它们
再次消失。我们在上一章也提出了对这"一丝丝"氧气的尝试性的
初步解释,提出在地球历史上的这段时期,从地幔逸出的还原性气
体的量与从埋藏的有机碳和黄铁矿中释放出的氧气的量是接近的。
大多数时候,火山气体的流出量都是过剩的,但偶尔,平衡偏向氧气
释放过剩,导致大气中有"一丝丝"氧气。

沿着这一逻辑探索下去。但要想做得正确,需要从地球时间的
起点开始。事实上,我们需要回到岩石记录开始之前的时期,并且

只能利用我们的智慧来作出最好的猜测。我们想知道的是在地球还年轻的时候,从火山中喷出的能与氧气反应的气体的释放速率,其中主要是氢气(H_2)。

怎样进行大胆猜测呢? 先从今天已有的发现开始。我们对火山喷发出多少氢气还是有些了解的,至少可能知道其中一二。氢气的释放速率取决于地幔的化学成分。但正如我们在上一章所提到的,在地球历史的大部分时间里,地幔的化学成分可能没有发生太大的变化,所以不用担心这一点。氢气的释放速率也和地幔中黏性物质的对流速率或混合速率有关。在第一章中,我们探讨了地幔对流如何推动板块构造运动,进而推动地球表面物质的循环利用,使地球成为生命宜居的场所。

那么,问题就变成了地幔的对流速率如何随着时间变化? 对流速率首先是由从地球内部到表面的温度梯度决定的,温度梯度越高,对流速率越快(你可以照着书末列出的本章注解 6 做一个简单的家庭实验,就能明白这是怎样实现的[6])。此外,温度梯度还取决于地球内部热量的产生速率。地球中部的温度估计达到 5 500 摄氏度(尽管不是很精确)。部分高温与地球早期从最初的"星子"碰撞、合并成为巨大地球所产生的巨大热量有关[7]。在这一过程的后期,人们认为有一个像火星那样大小的巨大物体撞击了地球,结果碰撞产生了月球。这次碰撞使地球成为一个熔融体。

热量也来自地幔和地核内元素的放射性衰变。由于放射性同位素衰变成为非放射性的化学物质,所以随着时间的推移,地球的放射性水平稳定地下降,相应产生的热量也在减少。

总而言之,来自早期地球形成时期的热量损失,以及放射性衰变产生的热量减少,应该会导致地球内部随着时间的推移而冷却。这反过来会导致地幔对流速率变慢。因此,可以推测,随着地幔对流减慢,氢气的释放速率也降低了。而氢气的释放速率随着时间的

大氧化事件

推移而下降是非常重要的,但不幸的是,这个速率仍然是一个猜测。例如,如果我们假设氢气的释放速率随地幔热流呈线性下降,以此作出一些预测,但这些预测是不可靠的,因为人们还不太了解热流随着时间推移变化的历史。如果氢气的释放速率随着热流变化以不同的比例下降,就要进行新的预测。坦白地说,我们无法判断哪种下降速率最合乎实际情形。但是随着时间的推移,氢气进入地球表面的量在减少,则是相当确定的。

尽管有很多困难,但是,许多研究人员,包括我在内,仍然在努力探索。事实上,如果我们的目标是理解地球表面化学如何随着时间而演化,那么,地球表面环境与地球内部之间的联系就显得重要,不容忽视。迪克·霍兰德也意识到这种联系的重要性,并试图预测由地球内部释放的氢气随着时间变化的历史。这个估计值显示在图 8.4 中,图中两条线分别代表迪克对计算中不确定性范围的看法。

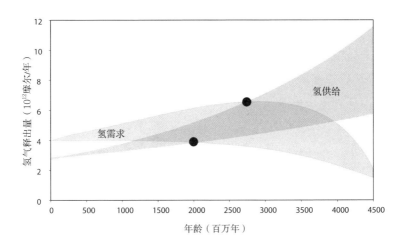

图 8.4 迪克·霍兰德计算的从地幔释放到大气的氢气相对于释放到大气的氧气的速率。黑点代表两种不同模型的交叉点。详见正文。数据来自迪克·霍兰德的研究结果(**2009**)

迪克还试图通过有机碳和黄铁矿在不同时期的埋藏情况来预测氧气的产生速率[8]。本文不详细讨论这个计算的细节[9]，但是计算结果也显示在图 8.4 中。阅读这张图表要关注两个黑点，而不是重叠的灰色部分。这两个点应该被看作是计算的极端。这张图表是很有启发性的。迪克的模型表明在 27 亿年前到 22 亿年前，氧气的释放速率首次超过了需氧量。该图为大氧化事件的成因提供了一个图形解释。

事情真的是这样吗？我会点头说，"我想是的"，至少大体上是这样的。这太讲得通、合乎道理了。公平地说，其他人也有类似的想法，尤其是吉姆·卡斯汀（见第一章）和也来自宾夕法尼亚州立大学的李·坎普赫（Lee Kump），以及华盛顿大学的戴夫·卡特林（Dave Catling）。他们都像迪克一样陈述过大氧化事件很可能代表了氧气的释放量超过了需氧量的一个时间点。这几位研究者以及其他人，都有各自的模型来支持这个想法（但是各自的模型不同）。只是我特别喜欢迪克的模型，因为它简单，并且迪克假设的各个过程在地质学上讲得通。

所以，普雷斯顿·克劳德说得对。地质记录显示，大约在 23 亿年前地球大气中的氧气含量急剧增加。由于蓝细菌的进化很可能要早得多，所以富氧的大气似乎未必是、或未必直接是产氧生物活动的结果。大气化学是由地幔的动力学决定的，因为地球的内部和外部是紧密地相互联系的。事实上，地幔对流趋于平静，达到使氧气能积聚所耗用的时间占据了整个地球历史的一半时间。然而，这是一个很重要的转折点，可以说是地球表面化学组成被永久改变的转折点。在下一章，我们将讨论接下来会发生什么。

第九章
地球的中世纪：
大氧化事件之后发生了什么

　　难道不是每个人都梦想在时光机里旅行吗？好吧，也许并非人人都想，但是我知道大多数地质学家都很想有一个这样的时光机。时光机与本书故事的相关性在于：我们可以借助时光机来检验那些关于大气氧气历史的观点是否正确。我们从对地质记录的解读里拼凑出这个故事，但正如之前所提到的，这些对于过去时代的记录并不是完美的。我们捡起一块岩石，一块古老的、曾经是海洋底部淤泥的沉积物，它们也许已经经历过高温，其中的矿物质或者有机物质都发生了变化，或者后来有液体渗入了岩石，使其化学成分发生了改变。这块岩石代表了地球漫长历史中影响它的所有过程的总和，而不仅仅代表那些我们最感兴趣的东西。

　　此外，我们只能猜测我们感兴趣的信号是如何被遗留在岩石内部的。例如，我们从现代环境中了解到钼是如何进入沉积物的（在第七章里利用钼来记录进入大气中的"一丝丝"氧气）。我们知道这一点，是因为现在我们可以测定水中沉积物里钼的含量。我们可以追踪钼从水里进入沉积物的途径，从而了解哪些过程可以控制这条路径。我们可以通过模型和实验来预估和测试已了解的内容。事实上，这类工作构成了我们解读地质记录的基础。但是，当我们研究岩石的时候,我们只得到了岩石中钼的含量,也许还有其他化学物质可以为我们提供一些线索来了解古代海水的化学组成。我们没有得到能提取钼的海水。因此,最终,我们只能估计它在古代海洋中的浓度。这个结果对于所有标志物(用以了解古代海洋化学成分)而言,或多或少都是一样的。在解读地质记录方面,我们不断地进步,但是线索很少,我们的解释有很大的不确定性。如果有了时光机,我们就能回答很多问题。

我们当前的课题是研究大氧化事件的后果。事实上,为了理解大氧化事件之后出现的情况,我们需要回顾、探索大氧化事件发生之前的一些更详细的事情。我们在上一章中谈到过大氧化事件,以及在第六章和第七章也谈到过大氧化事件的情况,但是我们需要了解一些可能忽略的小事情,那些很难通过解读地质记录确定的事情。所以,我们需要利用时光机穿越回大氧化事件之前的时期。我们穿上橡胶靴(戴上氧气面罩以便更好地进行测定),跋涉于古代河流中,寻找黄铁矿。正如第七章所揭示的那样,在大氧化事件之前,有些黄铁矿像鹅卵石一样沉积下来,没有被氧化,进入古老的河床。但是,这些河流几乎没有留存下来的,我们想要确定黄铁矿在河道中转移是常见的事情还是罕见的事情。一些黄铁矿会不会被氧化了? 是不是只有大的黄铁矿才能没有被完全氧化,而较小的都被氧化了? 如果我们能及时回到过去,就可以从源头追踪黄铁矿,从经历了陆地风化作用的岩石开始,直到黄铁矿的最后留存之地。

这样我们就能够确定黄铁矿是如何循环和再循环的。我们可以了解到,在陆地风化作用过程中暴露的黄铁矿有多少能够通过河流进入海洋,然后又再次成为沉积物,而这些沉积物最终又变回了石头。如果黄铁矿按此方式循环,在低氧的大气环境里没有氧化,那么在火山气体持续向地球表面喷发出越来越多的硫时,黄铁矿就会在沉积岩中越聚越多,含量达到更高水平。这样的循环方式对于其他对氧气敏感的矿物质也可能是适用的。在极低氧环境里,这一

地球的中世纪：大氧化事件之后发生了什么

系列事件是很有意义的，但事实真的是这样吗？

我们也可以看看由古代页岩风化形成的有机物质的变化过程，因为古代页岩中含有大多数地质记录中记载的有机物质。如果能够回到过去，我会带着一个小钻头。有了小钻头，我就可以收集页岩表面经受雨淋和风化作用的样本以及岩石深处风化液体未能到达的岩石样本。这样我就能了解在风化液体渗透并改变岩石的时候，有机物质如何受到影响。

当今世界，正如史蒂文·佩奇所揭示，以及第五章所讨论的那样，在页岩的上表面处，有机物质含量往往最少，这是因为页岩经历了氧化风化作用（如图5.2所示）。这种氧化作用需要氧气。但氧化速度不是非常快，所以即使是在上表面，暴露在氧气中的时间最长，也仍然有一些有机物质存在[1]。那么，如果氧浓度真的很低，就像在大氧化事件之前一样，会发生什么呢？我估计，随着古老的页岩被暴露于风化环境中，有机物质会逃过氧化。如果是这样的话，那么有机物质也可能大量地经历从岩石到沉积物再到岩石的再循环过程，并随着更多的二氧化碳从火山进入地表环境，积聚到越来越高的浓度[2]。因此，时光机将会告诉我们一些非常重要的关于对氧气敏感的物种在大氧化事件之前的动态。在没有时光机的情况下，我们只能作出合理的假设，并希望它们是正确的。因此，我们假设在大氧化事件之前（以及上一章所讨论的"一丝丝"氧气时代之外），进入风化环境中的大量黄铁矿、有机物质和许多其他对氧气敏感的物质，逃过氧化，一次又一次地经历从岩石到沉积物再到岩石的循环[3]。

现在，氧气来了。大气中氧气含量的增加会使黄铁矿迅速氧化生成硫酸[4]，把有机物质氧化为二氧化碳，并有可能释放与有机物质紧密相关的营养物质。有人可能会把这看作是相当于捅了地球化学的马蜂窝！就我所知，迪克·霍兰德是第一个推测出此后会发生的事情的人。

在22.2亿年前到20.6亿年前之间的碳酸盐沉积物中，$\delta^{13}C$较大的正漂移表明,在这段时期里,PO_4^{3-} 在光合作用和碳埋藏方面起着非常大的作用。一些变化也进一步加强了 PO_4^{3-} 所起的作用。随着大气中氧气含量增加,在风化过程中,二硫化铁(FeS_2)的氧化作用一定是急剧地增加的。在 FeS_2 氧化过程中,生成的硫酸(H_2SO_4)必定加剧了化学风化作用的总速率,因此,PO_4^{3-} 流入海洋的速率也显著增加了。与此同时,在近表面的海洋里,H_2S 和 HS^- 可能被氧化为 SO_4^{2-}。这一过程降低了河水和海水的 pH,并可能使更多的 PO_4^{3-} 参与光合作用。

因此,迪克认为,在黄铁矿氧化过程中产生的与大氧化事件有关的酸性物质会增强风化过程。众所周知,在酸性条件下,大多数岩石会溶解得更快,但重要的是含磷岩石中的特殊矿物质。其中一种重要矿物质是磷灰石[$Ca_5(PO_4)_3(OH,F,Cl)$],我们的牙齿和骨骼中含有相同的磷灰石。在迪克·霍兰德看来,就像我们的牙齿过度暴露于碳酸饮料那样,大氧化事件在地球表面造成了大量的磷灰石腐蚀现象,导致大量的磷流入海洋中。如此大量的磷流入海洋刺激了初级生产,导致有机物质迅速被覆盖,于是造成拉马甘迪碳同位素超大漂移量,后者我们在上一章讨论过。拉马甘迪漂移曾经被认为是大氧化事件的原因,现在变成了结果,因果关系不寻常地倒转了!

此外,在大氧化事件到来时,在岩石上积聚的有机物质有氮和磷等关键营养物质伴随出现。大氧化事件之后有机物质的氧化会释放出这些营养物质,这又为海洋提供了一种磷的来源。也许这种磷的释放也得益于在富含有机物质的岩石中,黄铁矿氧化过程中产生的酸性物质。总的来说,我更喜欢这样的想法:在大氧化事件之后,积累在富含有机物的岩石中的磷加速释放,引发了拉马甘迪漂移。我喜欢这种想法是因为它为拉马甘迪漂移的出现和消失提供了一个解释。

你可能会问,为什么拉马甘迪漂移的消失需要一个解释?这是因为岩石的循环活动。我们在前几章中已经了解到,关于古老岩石的地质记录真的很少。这是因为随着时间的推移,这些古老的岩石被转移

地球的中世纪：大氧化事件之后发生了什么

到地球表面的风化地带的可能性更大。事实上，如果你把能在地球表面找到的所有岩石都算上，并把它们按年代分组，就会发现，随着年代增加，岩石的数量会减少（如图 9.1 所示）。如果你试着量化这一效应，从地球历史的任何时期留存下来的岩石大约有一半会通过风化（尽管有些被埋在地壳中）在大约 2 亿年到 3 亿年的时间里消失。这与拉马甘迪同位素漂移事件的时间长度大致相同。我认为，拉马甘迪同位素漂移事件的持续时间可能受到两个因素限制：一是是否存在古老的太古宙时期岩石，二是是否存在可循环的有机物质和营养物质。可以肯定的是，这一切都只是猜测，但我敢打赌，拉马甘迪事件将成为未来几年里大家密切关注的焦点。如果迪克最初的直觉（即拉马甘迪事件与大氧化事件有关）被证明是不正确的，我将会感到很惊讶。

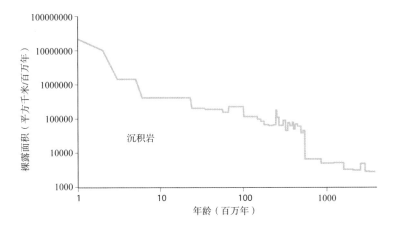

图 9.1 裸露的沉积岩面积有标示地质年代的作用。随着时间推移，沉积岩的裸露面积急剧减少侧面表明岩石埋藏于地壳之中。但在漫长的时间里，因风化和侵蚀导致的损毁可能是导致面积减少的最重要原因。布鲁斯·威尔金森（Bruce Wilkinson）惠予提供数据（2009）

因此，拉马甘迪同位素事件显示，大氧化事件之后有大量的有机碳被埋藏。迪克·霍兰德和他的前博士后安德烈·贝克尔（Andrey Bekker）论证说，拉马甘迪事件是建立在较高的氧气含量水平上的,是大氧化事件产生了与现在相当量的氧气含量水平。目前还没有多少证据支持这一观点,但如果氧气含量变得如此之高,那么在拉马甘迪事件之后,事情会变得稳定下来吗?在地球历史的这段时间里,什么才是真正的正常?

　　许多年前,我开始仔细地思考这个问题。当时,拉马甘迪同位素漂移还没有被人们提及,但是大氧化事件已经有了。源于迪克·霍兰德和普雷斯顿·克劳德的贡献,主流观点是大氧化事件导致氧气含量水平足够高,使海洋底部充满氧气。因此,在大氧化事件中和事件之后氧气含量上升到高水平的想法并不新鲜。反过来,这种氧化作用使海洋中的铁被氧化。因此,大氧化事件突然地终止了深海的富铁状况,从而导致了条带状含铁建造沉积。所以,后大氧化事件的高氧气含量能解释一个重要的地质观察结果,即伴随着大氧化事件,条带状含铁建造的沉积几乎停止了(如图 9.2 所示)。事实上,这一观点在上一章中已被提及。

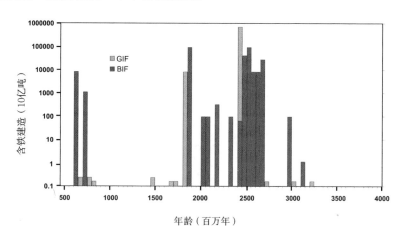

图9.2　条带状含铁建造(BIF)和颗粒状含铁建造(GIF)的年代分布(单位:10^9 吨,即 10 亿吨)。颗粒状含铁建造是一种类似于沙的沉积物,没有条带状含铁建造的条纹。图片依据贝克尔等的研究结果(2010)重新绘制,并依据雷斯威尔(Raiswell)和坎菲尔德的研究结果进行修改(2012)

地球的中世纪：大氧化事件之后发生了什么

大氧化事件后导致氧气含量升高，这种想法似乎很有道理，但我不太认同这种想法中的一些观点。首先，我最近使用了一种简单的海洋化学模型，这是普林斯顿大学的乔治·萨米恩托（Jorge Sarmiento）首次引入的，用于探索深海的氧气含量如何随着大气里氧浓度的变化而作出反应。这个模型非常简单，很接近真实的海洋情况，但结果却相当令人震惊。为了像迪克和其他人所提出的那样，在大氧化事件之后使海洋得到充分氧化，大气中的氧气含量需要上升到现在氧气含量的40％到50％。也许迪克会很容易地接受这个结论，但我不能。首先，有越来越多的证据表明，在前寒武纪（大约6亿年前），大气中的氧气含量有所上升，我们将在下一章中探讨。如果氧气含量在大氧化事件中已经上升到接近现今的水平，这将很难说得通。在接下来的两章中还有一个较弱的论据[5]。这个观点是基于在地质历史时期后期，大型（较大型）的行走动物的广泛进化发生于氧气含量水平上升到可以适应它们对能量的更高需求。这与氧气含量水平在更早期已上升到现今水平的观点是矛盾的。最后，可能还有另一种方法可解释条带状含铁建造的消失。

我在德国不来梅的马克斯·普朗克（Max Planck）海洋微生物研究所工作时，一直在收集整理硫同位素历史的资料。我真正的目的是探索沉积物中有机物的变化过程和造成有机物代谢的各种微生物过程。但是硫同位素的历史是很有趣的，你可以把它叫做我的夜班工作。这项收集整理工作最终的成果是一幅硫循环地球历史如何演化的图景，其显著特征是在大氧化事件前后，硫酸盐和硫化物的同位素含量差显著增大（请回忆第七章中的硫同位素）。事实上，加拿大地质调查局的埃翁·卡梅隆（Eion Cameron）第一个认识到同位素差异的增大，但是新的收集整理工作强调了其独特性（如图9.3所示）。埃翁曾提出，这种跳跃式增加是由于海洋中硫酸盐浓度的增加，后者是对大氧化事件作出的反应；以及在陆地的风化过程中，硫化物矿石相对于硫酸盐,其氧化作用增强。这与我们在上一章所讨论的内容非常一致。这里的逻辑是,如第七章所探讨的那样,相对于较重的同位素[34]S,硫酸盐还原菌优先还原硫酸盐里较轻的硫同位素[32]S,和第七章中所讨论的一样,但在硫酸盐浓度很低的情况下,这种优先性大大降低[6]。根据我手头收集整理所得的资料来看,我只能同意埃翁的观点,但可以采取另一个步骤论证。硫酸盐大量流入海洋能促使更多的硫酸盐还原,从而在海洋中产生更多的硫化物。结果是,在黄铁矿(FeS2)的形成过程中会有更多的溶解铁被带走。

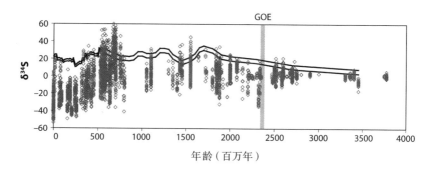

图9.3 整个地质年代硫同位素汇总图。菱形代表沉积硫化物的个例分析,平行线则反映对海水硫酸盐同位素组成的估计值。图中也标明了大氧化事件。图片依据雷斯威尔和坎菲尔德的研究结果进行修改(2012)

因此,把整件事情放在一起,我推断,大氧化事件可能通过陆上硫化物的氧化风化作用使流入海洋的硫酸盐增多,从而使海洋中硫酸盐加速还原为硫化氢。但是,至少在我看来,大氧化事件并没有产生足够的氧气使海洋富含氧气。因此,溶解的铁并不是像迪克和克劳德所设想的那样与氧气反应,而是与硫化物发生反应,从海洋中被移除。所以在我看来,深海仍然是缺氧的,含有较多的硫化物,而不是富氧。来自哈佛大学的安迪·诺尔(Andy Knoll)很快就把这种富含硫的海洋状态命名为"坎菲尔德(Canfield)海洋",无论如何,这个名字是沿用下来了。但是在我提出这个想法的时候,没有任何证据支持。所以,寻找证据来支持或否定坎菲尔德海洋模型,以及更一般地定义大氧化事件后地球表面的状态和海洋化学组成就成了一个高度优先的课题。

在这段时间里,西蒙·波尔顿(Simon Poulton)加入了我的实验室做博士后。西蒙曾作为博士生与我的老朋友、来自利兹大学的罗伯·雷斯威尔(Rob Raiswell)一起工作[7]。和罗伯一样,西蒙喜欢去酒吧;和罗伯一样,他也是一位富有创造力和想法的科学家。因此,为了探索坎菲尔德海洋问题,我和西蒙把重点放在了新元古代末期条带状含铁建造沉积复苏前的最后一次大规模条带状含铁建造沉积上,我们将在下一章中讨论。这样,发生在21亿年前到19亿年前之间的一次大规模条带状含铁建造沉积事件成为我们的研究重点。这次事件在世界上的其他几个地方都可以观察到,但在明尼苏达州北部和安大略南部地区条带状含铁建造沉积的特征尤其明显,因此成为我们主要的研究目标。

等一下,你可能会说,不管是什么模型,我都认为大氧化事件应该是在条带状含铁建造的终结时才出现,而在这里,你怎么又在谈论大氧化事件之后3亿年到4亿年间的条带状含铁建造?到底是怎么回事?这是一个很好的问题,在开始研究坎菲尔德海洋模型之前,我们必须讲清楚这些条带状含铁建造。

事实上,这些条带状含铁建造是很有说服力的。首先,沉积开始于拉马甘迪同位素漂移结束之后不久或前后,而且至少有一部分是沉积在非常浅的水里。想象一下,在海滩上游泳,然后回家,满身是锈!这是一个临界点。你可以想象这样的情景:积聚在深海无氧区的溶解铁被上升流过程带到大陆架上,然后穿过大陆架被带到浅水区[8]。这听起来很简单,但是如果你回想一下第七章,Fe^{2+}很容易与氧气反应生成铁锈。因此,如果氧浓度像今天这样高,那么Fe^{2+}就不可能从深海区穿过大陆架,最终到达海滩。若Fe^{2+}在海面上持续运输,我能想到的唯一合乎逻辑的解释是氧浓度很低,可能只有现在氧浓度的 0.1%,甚至更低[9]。事实上,最近一些地球化学证据提供了独立的证据证明,当时确实处于低氧状态。这些证据来自铬同位素的性质。在这里不详细讲解,但是你可以通过书末列出的本章注解来了解更多[10]。

让我们来回顾一下。大氧化事件的定义是大气中的游离氧含量有明显的上升。这可能反过来导致拉马甘迪同位素漂移,正如我们所论证的那样,这种漂移与有机质的埋藏有关,还可能与较高的氧浓度有关。在氧浓度跌落到极低水平并回升到条带状含铁建造沉积之前不久,拉马甘迪同位素漂移已发生。人们可以推测,这些低水平的氧浓度实际上是拉马甘迪漂移的结果。很容易想象,漂移期间被埋藏的大量有机碳被带入风化环境中时[11],它所代表的是巨量的氧下降,使大气中的氧气含量降低。这样,我们好像有了一个名副其实的氧浓度跷跷板,这明显是由大氧化事件首先触发的。

现在回到西蒙。如果你还记得的话,我们的观点是:随着大气中氧气含量的增加,硫化物会进入海洋水域,从而结束条带状含铁建造的形成。我们对任何可能支持或否定这个观点的证据都有兴趣。前文已提到,明尼苏达州北部和安大略南部的岩石成为我们关注的焦点,而且我们研究了大约 19 亿年前沉积下来的冈弗林特含铁建造。就像上文说的,这种条带状含铁建造和其他同一时期的条带状含铁建造一样,沉积形成于一个大气氧浓度非常低的时期。但是,在冈弗林特含铁建造停止沉积后发生了什么呢?为了解决这个问题,我们联系了来自安大略省桑德贝市(Thunder Bay)湖首大学的菲尔·弗莱利克(Phil Fralick),他很兴奋。菲尔可能比任何人都更了解冈弗林特含铁建造。在一次难忘的旅行中,菲尔带我们走遍了整个地区,观察了冈弗林特含铁建造和那一时期后的沉积物。在这片地区,让我们感到震惊的是,一种被称为"罗夫建造"的黑色页

地球的中世纪：大氧化事件之后发生了什么

岩的数量远远多于冈弗林特含铁建造。这是令人鼓舞的，因为黑色页岩经常是沉积在亚硫酸盐水域的[12]。

我们在该地区看到的岩石对于理解冈弗林特含铁建造和罗夫建造的关系很有帮助，但对于化学分析没有很大帮助。据我们所知，这些岩石暴露在风化和雨水环境中，在这个过程中逐渐被氧化。例如，任何一种黄铁矿最初在岩石中形成时已经可能被氧化了。幸运的是，菲尔了解新形成的岩石，那是最近从地下挖出的岩芯，完整地保存了从冈弗林特含铁建造到覆盖其上的罗夫建造的全过程。原来，岩芯来自一个好奇的农民，他有一台钻机，每年会有一到两次从地下岩层中钻探出一个岩芯以勘探贵金属。在岩芯没有使用价值后，他就把岩芯捐赠给了安大略北部发展与矿山部。这位农民的失望却是我们的好运气，经过对这些岩芯仔细取样，我们回到实验室进行了一系列化学测试。

在此不赘述这些化学测试的具体细节，但我们对这些样本进行了各种化学测试[13]。最后，结果显示，是 Fe^{2+} 含量丰富的海水促成了冈弗林特含铁建造沉积，而硫化物水溶液使罗夫建造能够在海水里沉积下来。这与坎菲尔德海洋模型非常一致。事实上，几乎与我们提出这一观点的同一时间，盖尔·阿诺德（Gail Arnold）正与来自亚利桑那州立大学的奥利尔·安巴和来自加州大学河滨分校的蒂姆·莱昂斯（Tim Lyons）（还有一位耶鲁大学的研究生朋友）一起工作，他们从 16 亿年前的黑色页岩中获得的钼同位素证据进一步支持了坎菲尔德海洋模型。书末列出的本章注解解释了这个同位素体系是如何运作的[14]，可供参阅。

这个故事似乎逐渐显现雏形，但我们不能仅仅满足于现状。幸运的是，菲尔·弗莱利克鉴定了一系列来自不同环境条件的岩芯，从冈弗林特—罗夫建造所在的浅水区，到水深超过 100 米、离海岸很远的地方都有，这些地域相距超过 100 千米。完成这项艰苦的工作后,菲尔得以画出这些岩芯之间的时间线,西蒙花了将近一年时间来研究这些地球化学数据,但这是非常值得的。这是一幅令人惊叹的海洋化学图,从海岸一直延伸到大海深处(如图9.4所示)。和之前看到的一样,在近海岸处,冈弗林特含铁建造数量少于含硫罗夫建造。然而,远离海岸处,我们看到了缺氧状况持续存在,但我们也看到硫化水域的消失。事实上,我们看到硫化水域已经被含 Fe^{2+} 的水域所取代,有点类似于(但并不完全是,见下文所述)有冈弗林特含铁建造沉积的那种水域。我们称这种含有大量 Fe^{2+} 的水域为"富铁的"。这是一幅令人惊叹的跨越时间的海洋化学二维图。向西蒙和菲尔致敬!

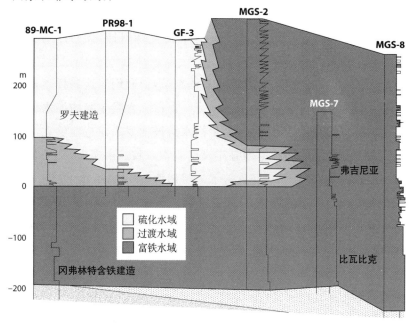

图 9.4 从冈弗林特含铁建造(比瓦比克(Biwabik)市沿岸)过渡到层叠的罗夫建造(弗吉尼亚建造沿岸)的海洋化学发展图。图中纵向为时间轴(顶部为年龄较小的沉积物),从左向右代表距离海岸越来越远。图片依据波尔顿(Poulton)等的研究结果重新绘制(2010)

地球的中世纪:大氧化事件之后发生了什么

其他人也对这项研究作出了贡献,包括安德烈·贝克尔的课题组、安迪·诺尔和他的同事,以及蒂姆·莱昂斯的课题组。总的来说,我们可以描绘出一幅比大氧化事件时期更宽广的海洋硫化条件图,同时也有大量的证据证明深海海水的富铁状况。直到13亿年前之后动物第一次进化的时候,这样的富铁环境才被发现。我们将在下一章探讨动物首次出现的时间点,先看一下我们对于原始坎菲尔德海洋模型所采取的立场。在大氧化事件之后,深海似乎在很大程度上仍然是缺氧的,硫化条件范围更广,正如坎菲尔德海洋模型所预测的那样。然而,硫化条件范围并不是按照某个特定方向扩大。相反,在缺氧的海洋中,富铁状态似乎占据了主导地位。

如果富铁状态占主导地位,那么为什么在地球历史中这段时间里,条带状含铁建造极其罕见,就像我们在图 9.2 中所看到的那样?这问题提得好。我相信原始坎菲尔德海洋模型仍能提供答案。正如模型所示,氧化程度增加会导致更多的黄铁矿风化和更多的硫酸盐流入海洋。这就导致从硫酸盐还原出更多的硫化物,使硫化条件得以扩大,以及更多的 Fe^{2+} 从溶液中被移除。即使如此,总的来说,Fe^{2+} 流入海洋的速率显然仍然比硫化物从硫酸盐还原的速率大[15]。因此,虽然硫化物可以在硫酸盐还原速率高的海域积聚,在其他海域,Fe^{2+} 占主导地位,形成富铁水域。然而,似乎硫酸盐还原反应产生了足够多的硫化物,与大量溶解在海洋中的 Fe^{2+} 发生反应。这意味着,虽然富铁状态仍然可以在大面积的缺氧海洋中存在,但是 Fe^{2+} 浓度明显低于条带状含铁建造形成的活跃时期。很简单,由于 Fe^{2+} 浓度较低,没有足够的铁溶入海洋以支持条带状含铁建造有效沉积。因此,似乎坎菲尔德海洋模型虽然不是在所有细节方面都正确,但总体上还是正确的。

然而,对目前的讨论来说,最重要的也许是在地球的中古时代,深海缺氧似乎是正常状态。这意味着那个时期大气中的氧浓度比今天要低得多。但是,究竟低多少?最初让我开始这项研究的原始海洋模型显示,当大气中的氧浓度下降到现今水平的 40% 到 50% 时,深海缺氧状态开始蔓延。遗憾的是,地质记录没有提供更精确的估量方法。然而,我相信大气中的氧浓度要比这低得多,可能低于现今水平的 10%。这个断言并不是基于目前为止我们已经讨论过的证据,而是根据接下来两章将要讨论的内容。

第十章
新元古代的氧气和动物的崛起

位于纽芬兰东南部的阿瓦隆半岛（Avalon Peninsula）是一个神奇的地方。由冰川包围的阿瓦隆半岛，因为受到风、雨和海浪的摧残，其地崎岖不平。在阿瓦隆半岛，你会一直感觉到与大海如此亲近。这里也是一个具有古老传统的胜地。早在 1534 年，著名的法国航海家雅克·卡蒂亚（Jacques Cartier）评论说，纽芬兰沿岸，鱼太多了，"多到我们的船只好在水中减速而行"。但他还不是第一个注意到这丰富的鱼类资源的人。16 世纪早期，阿瓦隆半岛上已经建立了捕鱼点。1610 年，在半岛北部的康塞普申湾（库珀海湾（Cupar's Cove））就建起了一个殖民地。1621 年，乔治·卡尔弗特（George Calvert）先生在半岛南部的费里兰（Ferryland）又开创了另一个殖民地（如图 10.1 所示），并成为在纽芬兰的第一个永久殖民地，该地目前正处于考古发掘中。乔治·卡尔弗特后来被晋封为巴尔的摩（Baltimore）勋爵，事实上，他在 1627 年就移居于此，但在第二年夏天就离开了。他向国王查理一世解释道：

通过付出了昂贵代价的经验，我发现别人出于个人利益总是对我隐瞒。从十月中旬到次年五月中旬，这片土地都处于冬季，一片萧条，令人无法忍受。海洋和陆地在大部分时间里都冰冻着，冰层厚得无法穿透，土地上既长不出植物也长不出蔬菜。这种情况大约要维持到五月初。空气也冷得令人无法忍受，海里也没有鱼，因为鱼也无法忍受这里的严寒[1]。

图 10.1　纽芬兰阿瓦隆半岛图,图中突出了文中所讨论到的地点所在位置。深灰色线标出的是爱尔兰海岸

　　之后很久,从 18 世纪中期到 19 世纪中期,爱尔兰人也许更适应严酷的环境,成群结队地移民到纽芬兰,尤其是阿瓦隆半岛。1836年,一项政府调查显示,纽芬兰总人口中有一半是爱尔兰人的后裔,其中大部分居住在圣约翰附近。时至今日,人们仍能看到爱尔兰人的影响力,尤其是在阿瓦隆半岛东南部,即所谓的爱尔兰海岸。在这里,爱尔兰音乐很受欢迎,当地居民们说话带着爱尔兰口音,根据口音仍然可以追溯到将近 200 年前他们的祖先所生活的爱尔兰地区。

第十章

新元古代的氧气和动物的崛起

正是在这里,在阿瓦隆半岛南部特里佩西小镇,我和西蒙·波尔顿靠着热咖啡和美味的鸡汤温暖着我们冻僵的身体。鸡汤是葆拉·卡鲁(Paula Carew)做的,这是一位身材矮小、活泼又精力充沛的女子,还是经营一家特里佩西传统饮食"初次冒险"的老板。今天,我们在这个地方待得太长久,离开也太迟了。葆拉轻轻地走到我们的桌前,用浓重的爱尔兰口音问我们是否想在喝完咖啡后来点啤酒或者威士忌? 我们重重点头表示认可。我们是作为安大略省皇后学院的盖伊·纳波尼(Guy Narbonne)和位于阿德莱德(Adelaide)的南澳大利亚博物馆的吉姆·戈林(Jim Gehling)两位组织的一次实地考察的成员来到这里。盖伊和吉姆都是世界级的研究海洋生物的专家。他们所研究的海洋生物首次出现在大约5.8亿年前的化石记录中。埃尔卡纳·比林斯(Elkanah Billings)是一位著名的加拿大古生物学家,在1871年他第一次提及这类海洋生物中的一种生物。事实上,他发现了一种叫做"Aspidella terranovica"的化石类型,它是在市中心圣约翰的达克渥斯(Duckworth)街的一处露出地面的黑色页岩里被发现的。今天你仍然可以在那里看到它们。比林斯还指出,这些化石来自寒武纪时期大量动物出现前沉积下来的沉积层,这是我们稍后会讲到的一个话题。

然而,过了很长一段时间之后,这一时期的化石变得大受关注。1946年,雷格·斯普里格(Reg Sprigg)偶然发现了一些奇奇怪怪的化石形态,并把它们解释为是来自南澳大利亚弗拉斯山脉(Flinders Ranges)埃迪卡拉山(Ediacaran Hills)的古代水母类动物。这些前寒武纪晚期的化石和许多其他相近年代的化石被统称为埃迪卡拉动物群(Ediacaran Fauna)。这些动物总和在一起,代表着各种不同类型的生物,但也有一些共同的特性(如图10.2所示)。它们的大小大多是在几厘米到几十厘米之间,生活在海底,呈平卧或竖立状依附在某种植物的茎上,大多不可移动。它们形态复杂,但呈半规则形态。除了少数例外,这些动物不能随意归入任何现代或古代动物群组。因此,斯普里格对古代水母化石的第一印象很可能是不正确的,这让人们对埃迪卡拉动物群究竟代表什么提出了质疑。

图10.2 来自纽芬兰米斯塔肯角的各种埃迪卡拉化石。A)查恩盘虫(*Charniodiscus*),B)纺锤形伦吉虫,C)另一种类型的纺锤形伦吉虫。图片由本书作者拍摄

新元古代的氧气和动物的崛起

不用说，在这个问题上，科学争论很是活跃。尽管这些化石形态非同寻常，但是直到 20 世纪 80 年代末，埃迪卡拉动物群仍被人们认为代表了古老的原始动物形态。争论始于德国图宾根(Tubingen)的顶尖古生物学家道尔夫·赛拉赫(Dolf Seilacher)把这些化石重新解释为完全不同的东西。他认为，这些化石是灭绝已久的生物的变种，并非动物，因为没有后代而物种灭绝。在道尔夫看来，这些化石与动物没有任何关系。道尔夫对远古时期灭绝已久的动物如何在泥泞中掘土、爬行和进食有特殊的看法，所以道尔夫的观点受到了人们非常认真的对待。严格来说，确实受到了认真对待，但并不是所有人，甚至不是大多数人被道尔夫的重新解释所说服。

但事实上，最近的思考回到了这些生物大多数是动物的解释，尽管不一定是现今所说的动物群体。例如，我们可以举出一个奇怪的例子。在阿瓦隆半岛，发现了一种叫做查恩盘虫(Charniodiscus)的埃迪卡拉动物群类型，刚好是我和西蒙所研究的岩石中的一种(如图 10.2 所示)。活的时候，它的长度是 10 厘米或更长，并且牢固地扎根于海底，它由固着部分和躯干两部分组成，连接在蕨类植物的叶子上，在洋流中轻轻摆动，可能是从水中收集小颗粒物质或溶解的有机物。这些生物生活的地方，水非常深，所以它们在阳光照射不到的地方生活得很好。总而言之，这些生物很大，形态结构复杂，像动物一样由许多不同的细胞构成，也像动物那样进食。根据安迪·诺尔的说法，很难想象这样的生物在没有上皮细胞覆盖的情况下如何生长[2]，而上皮细胞覆盖是动物的另一种特征。最后，由于它们生长的地方是深水区，没有阳光，所以不可能归属于任何植物或藻类。它们有很多动物的特征，但与我们可能知道的任何动物都不一样。埃迪卡拉动物群中有许多生物也是如此[3]。

那么，是什么吸引我和西蒙到了阿瓦隆半岛呢？事实证明，阿瓦隆半岛上的岩石是埃迪卡拉动物群已知的最古老的代表。这些所谓伦吉虫属(rangeomorphs)动物(如图 10.2 所示)可以追溯到 5.75 亿年前,在大约 5.8 亿年前的噶斯奇厄斯(Gaskiers)冰期结束后不久就出现了[4]。这是巧合吗?我们能否找出任何可能与之相关的、甚至有助于解释类似动物形态突然出现的地球化学诱因吗?我们的关注焦点是氧气。从 1959 年由阿尔伯塔大学的 J.拉尔夫·南赛尔(J. Ralph Nursall)发表的一篇论文开始,一直存在着一种偏见,即动物的进化,至少是对氧气需求相对较高的大型动物的进化,是由大气中氧气含量增加所推动的。人们长期努力地讨论动物进化与氧气之间的关系,我们将在后面的文章中讨论其中的一些内容,但是我和西蒙推断寻找海洋化学变化的迹象是一个很好的起点。阿瓦隆半岛上的这些岩石似乎就是一个很好的起点。

更令人值得注意的是,在整个阿瓦隆半岛南部地区,可以对岩石连续取样,从噶斯奇厄斯冰期前某一时间开始,经过噶斯奇厄斯(Gaskiers)冰期,一直到大约 2 000 万年后。重要的是,人们可以不断地参考埃迪卡拉生物的出现进行取样,因为在这些岩石中的化石很丰富,而且保存得很好。此外,盖伊和吉姆都是最优秀的旅行领路人。他们在这些古老的沉积物上工作了很多年,可能比任何人都更了解它们。他们了解这些化石,知道在哪里可以找到化石,以及这些生物在海底哪里生活。他们对这些生物如何进食、它们可能的动物亲缘关系,以及它们是如何被保存下来的展开了许多热烈的讨论。我们在日落时到达著名的米斯塔肯角。这是阿瓦隆半岛上最著名的埃迪卡拉化石所在处。盖伊喜欢在日落时分到达这里,因为在很多情况下,这里以及整个半岛上的化石都很是模糊不清,正午的时候很难分辨出来,只有在落日的余晖下,这些化石的纹理才得以显露。

我和西蒙收集了数百个样品[5]。回到实验室里,我们对样

新元古代的氧气和动物的崛起

品采用相同的化学分析方法进行分析，即铁形态分析。这种化学分析方法我在上一章讨论冈弗林特条带状含铁建造和罗夫建造之间的转变时提到过。我们发现，在噶斯奇厄斯冰期之前和期间，这个地区的深海水域是缺氧和富铁的[6]。事实上，通过观察噶斯奇厄斯冰期的沉积物就可以发现这一点，沉积物因含铁而呈血红色。西蒙、我和其他许多人的进一步研究表明，这些富铁的深水环境很常见，至少可以追溯到 8.5 亿年前[7]。事实上，这些富铁的海水也可能与上一章所说的元古宙时期经常出现的缺氧和富铁状况有关。而且，关键的是，西蒙和我以及盖伊还发现，就在噶斯奇厄斯冰期之后，阿瓦隆半岛的深海水域变得高度氧化。据我所知，这是在地球漫长的历史中深海氧化的第一个证据[8]。这可能不仅仅是一个局部事件。差不多在同一时间，沈延安在与安迪·诺尔和哈佛大学的保罗·霍夫曼（Paul Hoffman）以及我们的团队一起工作时，在加拿大西部的岩石中发现了深层海水氧化的进一步证据。

因此，阿瓦隆半岛的埃迪卡拉动物群进入了一个正经历氧化的海洋中。事实上，其他的证据似乎也证实了这样的结论。例如，蒂姆·里昂斯（Tim Lyons）的团队最近发现，在大约 6.3 亿年前的新元古代晚期，黑色页岩中钼的浓度显著增加，这在一定程度上早于我们的深海氧化证据（如图 10.3 所示）。钼丰度的增加意味着海水中钼的浓度更高，这又反过来说明从海水中去除钼的效率降低。去除钼最有效的途径是在缺氧条件下进行，特别是在与溶解的硫化物相互作用的情况下。结合这一点，黑色页岩中钼丰度的增加意味着海洋中钼的缺氧去除率降低。反过来，这可以合理地与海洋氧化程度的增加联系在一起。钼同位素的情况也是如此（见书末第九章注解 14），其含量在差不多同一时间出现大幅跃升有大的跳跃，这是我的博士后泰斯·达尔（Tais Dahl）和博士生艾玛·哈马朗德（Emma

Hammarlund)发现的(如图 10.3 所示)。泰斯和艾玛还解释说,这一跃升反映了在有氧条件下钼的去除率增加,因此海洋氧化程度增加。

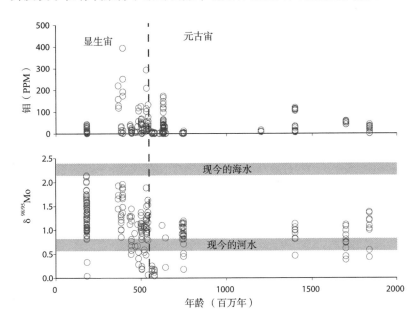

图 10.3　近 20 亿年间钼的浓度和同位素组成。数据来自泰斯·达尔整理的汇编资料,还有一些数据来自沙赫(Sahoo)等的研究结果(2012)

　　不同的地球化学指标提供的答案稍有不同,但在新元古代晚期,海洋氧化程度的增加似乎是很明显的,可能早在 6.3 亿年前就开始了,并在 5.8 亿年前的当地的氧化程度指标中表现出来。所有这些都与宏观动物的出现大致同步。对于大型动物的出现,一种可能的解释是大气中的氧气含量增加。因此,我们将沿着这一思路,尝试解决三个相关的问题:(1)如果氧气含量上升,它上升了多少?(2)是什么原因导致了氧气含量上升?(3)氧气含量上升和动物进化之间的关系可能是什么?

　　让我们从第一个问题开始。不考虑动物及其对氧气的需求,我

第十章

新元古代的氧气和动物的崛起

们能谈谈对于新元古代晚期大气中氧气含量的发现吗？不幸的是，我们的地球化学研究工具还没有得到充分发展，无法提供具体的答案，但是通过一些仔细的推理，我们可以得出一些粗略的估计。让我们从钼的同位素开始。虽然钼同位素确实表明，在新元古代晚期，随着海洋氧化，海水中钼的去除率有所上升，但钼的同位素组成仍然比我们现今所发现的要低得多。这表明，在动物出现的这段时间前后，海洋的氧化环境并不像今天那样普遍。这反过来说明那时的氧气含量比我们现在的氧气含量低，甚至可能低得多。

　　不过也不是太低。前文已经说到，当我们首次描述来自阿瓦隆半岛岩石的深海海水氧化证据时，我们也曾试图估算大气中的氧气含量。论证如下：在现今的海洋中，通常有一个氧浓度最低的区域，从几百米到1 500米不等。这大致就是阿瓦隆化石所代表的生物所处的深度范围。氧浓度处于最低是由两个因素共同作用造成的：一是处于海洋表面的生物死亡后沉积在海底，它们腐烂分解需要消耗氧气；二是来自海洋极地地区的冰冷而富氧的表层水层沉入海洋深处。这种水形成了海洋的深水层。在从海洋的表层到达深水层的漫长路途中，有机物质很少存留，所以有机物很少发生分解，使氧气得以存留。结果就是，在现今的海洋中，海洋表层氧气含量高，在海洋极深层处的氧气含量也高，而在深浅两种海水层之间的海水氧气含量就低，这就产生了一个氧气含量最少的区域。其最小值随地点的不同而有所变化，但是在现今世界，氧浓度的下降至少在每升40微摩尔左右[9]。在今天的海洋中，深水层的氧浓度大约是每升325微摩尔，氧浓度降低每升40微摩尔相当于现今深水层氧浓度的12％。我们当时假设，在阿瓦隆化石所代表的生物所居住的地方，氧浓度的减少量至少是每升40微摩尔（可能更多）。然后，为了让生物至少能存活，我们认为，在氧浓度减少每升40微摩尔之后，应该还留下一些氧气。最后，我们估计，这些生物生活的世界，其大气中氧气含量是现今水平的15％或更多[10]。低于此值，生活于这一深度的生物会因缺氧而窒息，但如果氧气含量更高，生命就能存活。所以，如果我们是正确的，在新元古代晚期，氧气含量大约是现今水平的15％或更多，但仍然比今天的氧气含量要低得多。这几乎是目前我根据手上的证据所能提供的最好结果，但在下一章，我们可以用其他方法来检验这个估值。

如果新元古代晚期大气中的氧气含量有所上升，那一定是有原因的。几年前，答案似乎已经很清楚。在1986年的一次地球化学大突破中，安迪·诺尔提供了第一个来自新元古代时期岩石的详细的碳酸盐碳同位素结果。从这些岩石测得的数值显示 ^{13}C 占优势。如果你还记得第七章的话，这就意味着有机碳埋藏速率很高。这也意味着氧气快速释放到大气中。在新元古代晚期，罗迪尼亚（Rodinia）超大陆经历着被分裂成较小的大陆单元的过程，安迪推断，随着海域面积增加[11]，会有更多的沉积物沉积下来，从而使有机碳埋藏速率会更高。康奈尔大学的鲁·戴里（Lou Derry）（当时是哈佛大学的博士后）进一步完善了这一论点，他引入了其他同位素系统，帮助把有机碳埋藏的峰值时间确定在大约5.8亿年前[12]。这已臻于完美。问题解决了。

但正如科学中经常发生的那样，一个有趣的想法要接受检验，并需要有更多的数据积累，所以鲁的想法需要有更多的数据支持。鉴于鲁可能已有了100个碳同位素的测定值来考虑他的模型，现在已经积累到了数千个（如图10.4所示）。这些新数据保留了鲁的模型所用到的碳同位素记录的许多广泛的特征，但是年代有所改变，并显现出了新的特征，使这张图明显变得令人困惑。其中之一是测得的数值显著地向 ^{13}C 被耗尽漂移，被称为"舒伦—元岗（Shuram-Wonoka）碳同位素异常"（如图10.4所示）。这一反常现象的日期及

新元古代的氧气和动物的崛起

其持续时间不确定,但大多数人都认为是在 5.8 亿年前噶斯奇厄斯冰期之后以及 5.51 亿年前以前的某个时间。现在在世界各地的许多地方都已经发现有这种现象,而且它似乎是新元古代晚期碳循环的一个强有力的特征[13]。

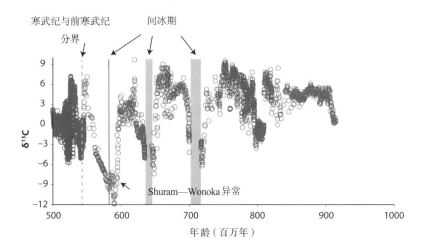

图 10.4　新元古代无机碳的同位素分布。图中标出了 Shuram-Wonoka 异常,以及主要的冰川期。Shuram-Wonoka 异常与冰川期(很可能在 Shuram-Wonoka 异常之后)的相互关系以及异常的持续时间非常不确定。麦吉尔大学的盖伦·哈尔弗森和俄亥俄州立大学的马特·萨尔茨曼收集并提供了数据

这一异常现象的问题在于,根据我们对碳循环运作方式的描述,我们几乎不可能理解这种异常现象是如何起源的。问题是到哪里去收集到所有的[13]C 贫化碳酸盐,这些碳酸盐最终进入石灰岩中。对于这个问题,有很多可能的解决方案,包括麻省理工学院的丹·罗斯曼(Dan Rothman)提出的一个巧妙的建议。他认为,在地球历史的这个时期,海洋就像一种有机汤,含有大量溶解的有机物质。溶解的有机物应该有与藻类同样的[13]C 贫化同位素信号,这是我们在前几章中探讨过的。丹认为这种有机物偶然会氧化,产生大量[13]C 贫化的二氧化碳。事实上,丹认为可以产生足够的 $^{13}C-CO_2$,形成

133

Shuram-Wonoka 异常。这是一个非常好的想法,但是我一直都不太明白这样的氧化过程是如何开始的。出于这个原因和一些其他原因,我和克里斯蒂安·比耶鲁姆(Christian Bjerrum)提出了另一个解决思路,涉及大量甲烷的氧化(所含的 ^{13}C 贫化碳比溶解的有机碳要多),阅读本章注解 14,可以了解更多的信息[14]。无论如何,理解 Shuram-Wonoka 异常需要一些横向思维,但是这些解决方案都需要付出一定的代价,至少对于氧气是这样。所以,不管我们讨论的是溶解有机物的氧化还是甲烷的氧化导致 Shuram-Wonoka ^{13}C 异常,都需要大量的氧气来进行氧化[15],从而产生巨大的氧气含量下降。

让我们小结一下讨论的内容。地球化学证据表明,5.8 亿年前或者更早的时候,与埃迪卡拉动物群的扩张时间同步,海洋氧化程度增加。也许,正如安迪·诺尔和鲁·戴里所提出的那样,这是由有机物的高埋藏速率所驱动,并与罗迪尼亚超大陆裂解有关。然而,在这之后不久的某个时间,Shuram-Wonoka 异常显示出氧气含量有巨大下降,并且在大气和海洋中,氧气也可能有大幅度减少。我们不知道经过这种异常,氧气减少会达到什么程度,但显然,并没有降低到影响早期动物呼吸的程度。

接下来发生了什么?氧气会再次上升到 Shuram-Wonoka 异常前的水平吗?上面列出的一些地球化学证据可能表明了这一点,但是碳同位素记录并没有透露出太多信息。事实上,鲁的模型仅仅显示了在大约 5.8 亿年前,氧气的释放有短暂增加。在此之后,有机碳的埋藏速率和氧气的释放又回到了背景水平。此外,更令人迷惑的是,碳同位素记录揭示在寒武纪和前寒武纪交替之时,出现了另一个巨大的 ^{13}C 贫化(如图 10.4 所示),而正与动物生命的巨大扩张同步。从表面数值看,随着释放到大气中的氧气减少,动物的数量和多样性在增加。我们还有很多不了解的地方。

那么,动物怎么样呢?正如本章前面提到的,有一种偏见可以

第十章

新元古代的氧气和动物的崛起

追溯到纽索尔（Nursall）即动物进化（至少是宏观运动的动物）是由大气中氧浓度的增加所引起的。事实上，1982年，加州大学洛杉矶分校的布鲁斯·伦纳格（Bruce Runnegar）试图在这方面提供一些数据。他以埃迪卡拉化石狄更逊虫（*Dickensonia*）作为例子，他当时认为这是一种古老的环节动物类蠕虫的例子。现在，大多数人可能会不同意这一观点，但就计算而言，狄更逊虫是什么真的不太重要。重要的是布鲁斯合理地假设狄更逊虫是通过它的外表面被动扩散获得氧气的。依据这个假设，布鲁斯得出结论，至少需要现今氧气水平的10％才能维持狄更逊虫的呼吸。即使忽略与Shuram-Wonoka异常相关的可能的氧损耗，狄更逊虫的氧需求似乎符合我们的地球化学观点，即大约在5.8亿年前，氧气含量至少达到目前水平的15％。听起来还不错。在这种设想下，狄更逊虫这样的大型动物的进化可能是由于氧气含量上升到有利于它们生存的水平。用安迪·诺尔的话来说，运动的动物进化进入了一个"宽松的环境"。

这种逻辑让一些古生物学家感到难以接受，尤其是剑桥大学的尼克·巴特菲尔德（Nick Butterfield）。每次他读到关于氧浓度和动物进化之间可能的关系的时候，我几乎都能看到他显得极度厌恶，尤其是如果这样的观点是来自地球化学家的话。尼克的观点是氧气不应该是动物进化的原因。他认为动物本身已经改造了环境变化的条件；动物的任何演化发展，我们把它归因于"宽松环境"，其实都是动物自身造就了"宽松"。尼克在2011年的一篇文章中写道：

例如，通过促进和迫使真核浮游植物的多样化、大体型、生物扰动和生物矿化，早期动物彻底改造了生物圈和地球之间的化学交换。从这个角度说，埃迪卡拉纪—寒武纪过渡时期的生物地球化学扰动更可能是动物进化自上而下的结果，而不是自下而上的原因。

尼克倘若听到我非常喜欢这个想法可能会很惊讶。毫无疑问，动物本身（包括人类近期的明显影响）已经从根本上影响了元素的生物地球化学循环和海洋的化学成分。根据这个观点,我们见到的在大约5.8亿年前或者也许更早一些时间的海洋氧化,更好的解释可能是由于动物的活动使海洋里的氧气重新分布,而不是大气中氧气含量水平提高。事实上,这个想法可以追溯到格雷厄姆·洛根(Graham Logan)、约翰·海耶斯(John Hayes)、格伦·赫西马(Glenn Hieshima)和罗杰·萨姆斯(Roger Summons)。他们在1995年提出,微小的动物浮游生物(即所谓浮游动物)的进化彻底改变了海洋里的碳循环和氧分布。该想法是,浮游动物排泄出的粪粒会快速下沉。这些粪粒在海洋上层分解得较少,因为相比于较小且缓慢下沉的微生物,浮游动物的粪粒快速下沉到了海底。而这些微生物以往可是在海洋里占据着统治地位。

你可以这样想象一下:你有一个水桶,底部有一个小洞,可以让水流出。如果你站在高高的阳台上,慢慢地放下水桶,当它靠近地面时,会流失很多水;如果你放得足够慢,所有的水都可能会流失,而水桶还在半空中。但如果放得快,在靠近地面的过程中,水桶中的水流失就较少。现在,桶里的水流失类似于有机物质在从海洋上层下沉到海洋深处的过程中分解时所消耗的氧气。如果有机物质迅速下沉,与有机物质缓慢下沉相比,那么在海洋上层用于分解所消耗的氧气就会减少(类似于从桶中流失的水就会较少)。在另一种情况下,在海洋上层消耗的氧气较多,因为有机物质是缓慢下沉和分解的。

因此,我们可以想象,随着有机物质沉降速率的增加,它们在海洋上层(从水层表面至几百米深处)的分解过程中消耗的氧气会较少。与有机物缓慢沉降相比,这将增加海洋上层海水的氧化程度。事实上,化学分析得出的数据表明海洋的氧化程度是增加的。但是如果我们遵循前面所述的逻辑,即在大气中的氧气含量没有任何变化的情况下,海洋的氧化程度增加是可能会发生的。如果这是真

新元古代的氧气和动物的崛起

的,这可能有助于解释我们在认识新元古代晚期大气中氧气含量增加的原因时的困难。事实上,可能氧气含量并没有增加。

格雷厄姆·洛根和他的同事们也为他们的观点提供了若干支持,即动物进化可能改变了海洋的碳动力学。他们研究了有机物质生物标志物,发现在年龄超过约 5.9 亿年的沉积物中,从来自上层水体的光合生物里,很少有由藻类生成的有机物质存留的证据。但是,在晚于大约 5.3 亿年前的沉积物中,这种生物标志物有发现残留。在 5.9 亿年前至 5.3 亿年前之间的数据里,有较大和较重要的差距。但是洛根和他的同事们还是认为,在 5.9 亿年前之前,光合生物在缓慢沉降到海底的过程中大量地腐败分解了。相反,到 5.3 亿年前时,在海洋生态系统中出现了浮游动物和其他深海动物,它们的粪便颗粒迅速下沉;这些粪便颗粒将海洋表层浮游植物的残骸运送到海底,在 5 亿年之后被地球化学家发现。

这是一个很有吸引力的假设,但它仍然需要检验。浮游动物进化的历史少得可怜。这些小生物体的化石记录那么糟糕。然而,尼克·巴特菲尔德认为,即使它们的化石记录很糟糕,人们仍然可以通过关注它们可能吃了什么来探测它们的存在。在这种情况下,潜在食物的记录倒是很丰富,就是所谓疑源类(即一类不能归入任何已知生物门类的单细胞原生生物的有机质壁囊孢),被认为是古代藻类或它们在休眠期的遗存。在大约 6.3 亿年前,这类化石的数量急剧增加,在尼克看来,这一信号表明这是藻类对新进化的浮游动物捕食的抵御。但在时间上,这与洛根的结果并不很符合。如果你回想得起来,洛根和他的同事认为动物对碳循环的影响出现较晚,是在 5.9 亿年前之后的某个时间。

显然,我们对氧气和动物之间关系的理解不是很清楚。许多细节需要研究。其中,我们需要详细探讨由动物进化驱动的不断变化的碳循环如何影响海洋氧化及其记录,这是由许多不同的化学分析指标所揭示的。这可能需要海洋建模。然而，海洋氧化的故事及其与动物进化的关系似乎确实有可能，至少与海洋中发生的事情和大气中发生的事情有同样的关系程度。如果这是真的，那么同样可能的是，运动的动物在出现之前的一段时间，其所处的环境已经"允许"其存在了[16]。看这个故事如何结局将会是非常激动人心的。

第十一章
显生宙的氧气

　　我总共向五所研究生院提交了申请,其中四所在东北部:哥伦比亚大学、耶鲁大学、伍兹霍尔海洋研究所和罗得岛大学。我估计如果花上 10 天左右的时间,我就可以访遍这五所院校。所以,我带上一个睡袋和一点吃喝的东西,从我在俄亥俄州牛津市的寓所出发,搭乘大众巴士起程了。在哥伦比亚,或者更准确地说是在拉蒙特－多尔蒂(Lamont-Doherty)地质观测站(现在叫拉蒙特－多尔蒂地球观测站),我被安排与著名海洋学家沃利·布洛克(Wally Broecker)见面。我已不太记得在我到达的那天,沃利因为什么事情出城去了,但我与他的一位很好的同事塔拉·高桥(Tara Takahashi)以及他所有各级的优秀学生和科研人员谈得很好。我的下一站是耶鲁大学,我被安排在那里与鲍勃·伯纳(Bob Berner)会面。我到达克莱恩(Kline)地质学实验室——这是一座没有生气、没有窗户[1]的砖混结构的建筑,由已故世界著名建筑师菲利普·约翰逊(Philip Johnson)设计。我被领进鲍勃·伯纳的办公室。一个穿着蓝色高领衫的高个子男人,满面笑容,从他的桌边站起来和我握手打招呼。鲍勃花了许多时间和我在一起。他带我看了实验室,带我去吃午餐,并向我详细解释了实验室正在进行的所有研究项目。他把我介绍给罗伯·雷斯威尔,这是一个让我改变人生阅历的人

（见书末列出的第九章注解7）。鲍勃还解释说我恰巧错过了鲍勃·加莱尔斯(Bob Garrels)，他每年都要去耶鲁大学三个月。鲍勃·加莱尔斯(在第五章提及了我们的第一次会面)是我在投身于地球化学之前就崇敬的科学大师之一。那一天我以与研究生伯尼·布德罗(Bernie Boudreau)和麦克·维尔贝尔(Mike Velbel)的闲聊而结束。这两个人向我保证说，纽黑文（New Haven）是个很糟糕的地方，不宜居住，选择到那里去一定是疯了。

在我寻找研究生院之前，我有两年时间是与迈阿密大学的比尔·格林(Bill Green)一起工作，做万达湖（Lake Vanda）的化学研究工作，这是一个永久分层的含硫湖泊，位于南极洲麦克默多谷(McMurdo Valley)。我的工作包括三个月在南极洲的冰上完成，其余时间则在实验室里。别的时间就没人管我，我可以轻轻松松地支配自己的时间。通过我对万达湖的研究，我意识到我想继续研究微生物过程在塑造环境化学中的作用。鲍勃是这一领域的知名专家，他所描述的项目让我非常兴奋。他还用做得非常好的动画解释他与鲍勃·加莱尔斯一起正在做的新的建模工作。他解释了一些有关大气中二氧化碳浓度随时间变化的定量计算的问题，这一过程主要受地质过程控制。那时我还不大明白，但因为鲍勃的热情，觉得这事情似乎很重要。当时，我几乎不知道两个鲍勃（伯纳和加莱尔斯），正在就地球系统的各个组成部分如何相互作用以调控大气和海洋化学开创全新的理解。这是最高层次的重大思考。

在我旅行的几个月后，信件开始陆续到达：华盛顿大学拒绝；罗得岛大学接受；伍兹霍尔海洋研究所拒绝；最后两所大学，耶鲁大学和哥伦比亚大学都接受了我。这让我陷入了一个两难的境地。鲍勃和他的研究方法给我留下深刻的印象，但沃利·布洛克当时是(现在仍然是)最具创造力和影响力的气候研究人员之一，而拉蒙特—多尔蒂地

显生宙的氧气

球观测站是世界上最好的海洋研究机构之一。选择很艰难,但我的心说耶鲁大学,所以我去了耶鲁大学。

我的博士课题是现代海洋沉积物的研究,特别是在控制沉积物化学组成和保存沉积物里有机碳的过程中,铁驱动和硫驱动微生物的作用。这既需要做野外研究,也需要实验室研究,涉及各种海洋泥浆的收集、切片、切割和分析。另一方面,鲍勃长期置身于实验室外,忙碌于试图在更宏观范围内定义地球系统是如何运作的。能做这件事的人不多[2]。它要求从复杂的行为中提取简单的真理,并确定这些真理是如何定量地联系在一起。研究者需要有惊人的知识基础。为了建立大气中二氧化碳浓度的模型,研究者务必认识到,必须考虑多种过程的结合,包括陆地风化作用,而这又受到各种参数的影响,如温度、海平面(因为它控制陆地的区域)、水循环、大陆海拔高度和陆地植被类型[3]。大气中二氧化碳含量也受制于火山喷发二氧化碳的速率,而这又受制于来自地幔的热量损失速率、正在下沉回归地幔的沉积物的类型,以及沉降的速率。甚至,这些都还不是需要考虑的全部因素。但是,鲍勃(与鲍勃·加莱尔斯以及托尼·拉沙加(Tony Lasaga)一起)首先想到,应该把地球系统的这些过程考虑为是对大气中二氧化碳的控制,其次才是为这些过程建立模型。

我很幸运在这样一场令人难以置信的智力创造中看到他们的研究。我记得我当时想,为大气演化历史添加真实数字,这该是多么大胆,但又多么令人激动的事情。历史上,直接测定长期遭遇失败(可不是时光机在手边哦!),但是现在,在图表上重现,你可以拿在手里。我本想参与研究,但我缺乏背景和技能。鲍勃也坚持认为这些不是学生能做的项目。这些项目太困难了,太冒险了。

在我的博士学习将近结束的时候,我终于有机会参与了一小段工作。当时,鲍勃试图建立大气中氧气历史的模型。氧气模型的建立是基于建立大气中二氧化碳模型时建立的知识框架,但也有来自其他方面的大量贡献。在这段时间里有一段令人困惑的时光,就是如何能把碳、硫和其他循环关联起来,并作出定量理解。事实上,在多次国际地质会议上,这一领域的主要参与者在不同酒店的大堂举行"循环集会",吃着披萨喝着啤酒大快朵颐。鲍勃·加莱尔斯是这群人中的长者。鲍勃·伯纳的氧气模型在很大程度上来自加莱尔斯,以及西北大学的亚伯·列尔曼(Abe Lerman)、夏威夷大学的弗雷德·麦肯齐(Fred Mackenzie)和坎普赫(Lee Kump)的贡献,坎普赫是鲍勃·加莱尔斯的最后一位博士生,他现在在宾夕法尼亚州立大学。

事实上,在鲍勃·伯纳开始建立大气中氧气模型之前,坎普赫和鲍勃·加莱尔斯发表了一个更早期的建模尝试,描绘了贯穿地球最近1亿年历史的大气氧浓度的历史。这是一项了不起的工作,其中大气里氧气的释放速率依据碳和硫同位素记录(如在第八章和第九章所探讨的)加以量化,并且推导出了一个公式,用以量化含碳和含硫的岩石发生风化时氧气的去除速率。大气里氧浓度在氧气的产生速率和消耗速率之间保持动力学平衡。总的来说,坎普赫和加莱尔斯发现,在同位素记录显示氧气释放到大气中的速率增大时,氧浓度升高;而当同位素记录显示氧气释放到大气中的速率减小时,氧浓度则降低。这也许不太令人惊讶,但加莱尔斯和坎普赫所完成的完美的工作找出了所有这些过程是如何定量地关联在一起,以及如何从同位素数据提取出氧气的浓度。

的确,鲍勃的氧气模型的第一个入口是坚实地建立在坎普赫和加莱尔斯工作的基础之上的,但他又增加了一个重要的额外成分,即"快速回收再循环"。这一观点在第五章中被讨论过,其最基本的要点是,最近沉积的沉积物也将是最易于通过诸如海平面变化或陆

显生宙的氧气

地抬升过程风化的。因此，经由快速回收再循环，由富含有机物的沉积物埋藏而造成的高速率氧气生成，会经由这些富含有机物的沉积物被暴露在外而风化，从而迅速导致氧气被高速消耗。从建模的角度看，正如第五章里探索过的，快速回收再循环（以及多种负反馈）有助于抑制氧气的变化。这是很重要的，因为在有机碳和黄铁矿的埋藏过程中，由于风化作用，通过大气的氧气通量与大气中相对较少的氧气含量相比是非常巨大的。因此，现今大气中所有的氧气都是在 200 万到 300 万年的时间范围里，通过氧释放（有机碳和黄铁矿埋藏）和消耗（风化作用）的地质过程循环的。这段时间对你来说似乎很长，但对于地质时间尺度而言，这是很短暂的，而在氧气释放速率和消耗速率之间的微小不平衡很快就会转化为大气中氧浓度的快速变化。

除了快速回收再循环，鲍勃·伯纳还有另一个大的想法。他提出，可能有比同位素记录更直接的方法获得碳和硫埋藏的历史。为了了解这是怎么做到的，我们从亚历山大·鲍里索维奇·罗诺夫（Aleksandr Borisovich Ronov）开始说起，他是俄罗斯一位著名的地质学家[4]。他的大部分职业生涯都用于仔细地编写一组称为"俄罗斯地台"的岩石和来自世界各地的其他岩石的地质图。罗诺夫运用这些地质图来评估在整个地质年代里保存下来的不同类型的岩石的量。就这样，除了其他方面之外，罗诺夫确定了从海洋环境、大陆环境中保存下来的沉积物的体积和从煤矿床保存下来的沉积物的量。这个数据集（以及罗诺夫收集的许多其他数据）是一个名副其实的信息金矿，是一张展示整个显生宙不同岩石类型分布的地图，如图 11.1 所示。

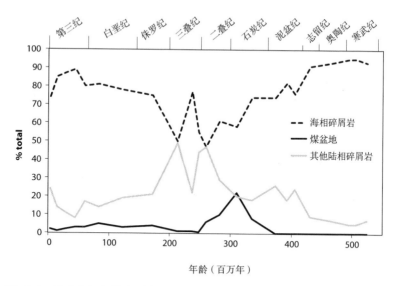

图 11.1 显生宙沉积物类型的分布。 数据来自亚历山大·鲍里索维奇·罗诺夫的研究结果,并经伯纳和坎菲尔德汇总(1989)

鲍勃·伯纳指出,这些不同类型的沉积物,平均每一种沉积物含有不同量的有机碳和黄铁矿。例如,煤矿床含有丰富的有机碳,硫含量比较少[5],而陆地上沉积的其他沉积物(经常是沙和砾石)所含的有机碳和黄铁矿都很少。与陆地沉积物相比,海洋沉积物里有机碳的量呈中等水平,黄铁矿含量则较多。所有这一切意味着,如果这些岩石的平均硫含量和有机碳含量已知,以及它们随时间的沉积速率已知,那么氧气释放到大气的速率就可以直接测定。鲍勃假设,各个年代所保存的岩石类型的相对分布,正如罗诺夫编写的资料所揭示的那样,代表着在它们沉积的那个年代里的相对分布。鲍勃还设定了各种各样可能的情景来计算沉积物沉积的总速率。这些情景包括从各个年代里总的沉积物沉积速率恒定到速率可变[6],但最终得到的结果是,总的沉积物沉积速率的变化对模型结果的影响很小[7]。

因此,通过估算不同沉积物类型中的碳含量和硫含量并在沉积物沉积速率不变的情况下,鲍勃计算了有机碳和黄铁矿在各个年代

显生宙的氧气

的埋藏速率。但我们还需要一个附加的小细节。在一些初始模型运行后,发现硫循环中的一些反馈似乎是很重要的。这就是我的工作,是我对这项研究的微薄贡献。我发现,氧气依赖于海洋沉积物中硫的埋藏是合理的。这个观点在第五章中被探讨过,基本观点是当大气中的氧浓度降低时,海洋里应该会出现大范围的缺氧、富硫的状况。这就导致了黄铁矿埋藏速率增加,从而导致氧气释放进入大气的速率加快。这种影响是一种负反馈:在低氧条件下,硫埋藏速率的提高有助于避免氧浓度过低。

为了检验模型的结果,根据沉积物丰度的趋势计算的有机碳埋藏速率如图 11.2 所示。这些数据还与从碳同位素模型计算出的有机碳埋藏速率进行了比较,正如鲍勃在他的第一个研究中所做的那样。在我看来,不管怎么说,这两种计算结果之间有着惊人的相似之处。这使得人们认为,至少在显生宙时期,保存下来的沉积物类型的地质记录与碳同位素记录显示出若干关于碳循环的相似的和基本的信息[8]。这使我们处于一个有利的位置,也许可以就显生宙时期氧浓度的演化得出一些重要的结论。

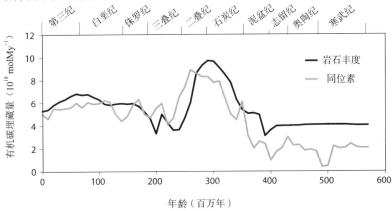

图 11.2 **根据岩石丰度数据和同位素计算的有机碳埋藏速率。根据伯纳和坎菲尔德(1989),并利用出版时已知的时间尺度重拟。大多数时期界限已从那时及时作了些许改变(见前言)**

这也给我们带来了模型结果,如图 11.3 所示。图中灰色区域标志着鲍勃对氧浓度范围所作的最佳估计,通过对各种敏感性分析得出的,而曲线是鲍勃对最佳模型结果的看法。该模型清楚地显示了大气中氧气含量的变动。敏感性分析表明,快速回收再循环对于抑制大气中氧气含量的波动是很重要的,有机物质含量(特别重要)和黄铁矿含量(重要性较小)也是很重要的。相比之下,陆地风化作用地区范围无关紧要,而且正如上面所解释的那样,总沉积速率也不太重要。

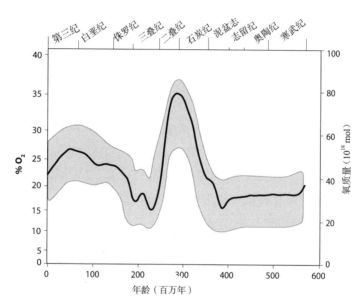

图 11.3　根据岩石丰度数据计算而得的显生宙的氧浓度。数据来自伯纳和坎菲尔德的研究结果(1989),并根据出版时已知的地质年代跨度重新绘制

然而,最重要的是沉积物的类型。图中最明显的特征是在石炭纪和二叠纪时期所看到的氧气呈现显著正漂移。氧气的增加是由于有机碳在煤矿床里大量沉积造成的。它的发生当然是有原因的,或者更可能是有两个原因。第一个原因是陆生植物。陆生植物很可能起源于奥陶纪早期,在志留纪时期呈现出多样化(参见前言中

显生宙的氧气

的时间尺度表），到石炭纪早期，陆生植物已经长大，并大规模扩展到陆地上。为了保持体型高大，植物形成了一系列结实的有机分子，如木质素和纤维素，这些分子往往能抵抗微生物的腐烂，尤其是它们像沉积物那样在无氧环境里积聚时。因此，是植物演化起了作用。古地理的细节可能也很重要。在石炭纪和二叠纪时期，大片低洼沼泽地汇集和埋藏了大量有机植物残骸，这就是为什么在这段时间内形成了这么多的煤炭。类似的现代环境有佛罗里达州的沼泽地和世界各地许多地方发现的泥炭沼泽，尤其是在高纬度地区。

随后氧浓度的下降可能是由于古地理和沉积物类型的变化。从二叠纪开始，一直到三叠纪，一块超级大陆完全形成，称为盘古大陆。由于盘古大陆的形成，低洼的沼泽地大为减少。同时，由于其广袤，落在盘古大陆上的雨水很少流入大海，更多的雨水流入大陆本身，形成了大面积的排水良好的砂质红层沉积物（在第八章提到过）。这些砂质陆地沉积物几乎不含有机物质，因此它们的形成不向大气提供氧气。因此，在鲍勃的模型中，在二叠纪后期和三叠纪时期向主要红层沉积的转移减少了大气中的氧气供应，这就导致了氧浓度的急剧下降，可能比现在的大气中的氧气含量要低得多。

所以，沉积物类型的变化受植物演化、古地理和气候等因素的综合控制。沉积物类型的变化似乎控制了大气中氧气的输入速率，对大气中的氧气含量产生重大影响。这个故事甚至至少有部分得到若干证据的支持。众所周知，巨型昆虫是石炭纪和二叠纪早期生物圈的一部分。其中，有些昆虫体型几乎是噩梦般的巨大。想象一下，一米多长的千足虫，两足跨度像办公椅那样（50 厘米左右）的巨型蜘蛛，翼展达到 70 厘米的蜻蜓。事实上，早在一个世纪前，这些巨型蜻蜓就促使法国古生物学家哈雷和哈莱提出，石炭纪时期大气中的氧气含量一定比今天的氧气含量要高。他们的部分理由是，氧气含量高导致较高的大气压，有助于保持这些大型飞行动物在空中飞翔。此外,也许更重要的是,他们提出更多的氧气供应才能满足这些大型生物飞行所需要的高呼吸速率,特别是因为这些动物是依靠气管系统的收缩和舒张来获得氧气。

这些想法显然是合理的,但引发了一场大规模的争论,以及越来越多的实验研究。尼克·巴特菲尔德(我们在第十章提到过尼克)一直是持反对意见的人,已经开始了反驳。他认为,生态方面的考虑对于这些动物的体型巨大情况影响要大得多,高氧气含量只起次要作用。生态在推动进化中的重要性怎么强调都不为过,但尼克并没有讨论同时期不能飞的昆虫群体为何同样体型巨大。它们面对的生态限制可能与蜻蜓不同。所以,对于没有飞行能力的昆虫群体,不同的生态相互作用也会造成体型巨大,这仅仅是偶然,还是有另一种驱动因素(比如氧气)在起作用?

在不同的昆虫群体中,也做了一系列的直接实验,但得出的结果并不一致。这项工作大部分是由亚利桑那州立大学的乔恩·哈里森(Jon Harrison)和他的团队完成的。乔恩的团队在低氧气含量条件下培养多种不同类型的昆虫,结果观察到昆虫体型通常有所缩小,生长速率降低,并且存活率也有所降低(我们将会在下面再次讨论这个话题)。然而,当这些昆虫生长在氧气含量比现今的氧气含量高的条件下时,得到的结果却不完全一致。有一些种类的昆虫,包括地栖甲虫、果蝇和蜻蜓,在高氧气含量条件下体型增大;巨型粉虱(*Zophobus morio*)在中等氧气含量条件下体型增大,但氧气含量进一步提高时体型开始缩小;而对许多其他种类的昆虫,更高的氧气含量对其体型大小没有影响。

简而言之,虽然实验结果不一致,但一些实验结果显示,在高氧气含量条件下,昆虫的体型是增大的。尽管在接连做几代的实验里,也可以选择体型更大的生物,但是这一结果很可能是对高氧气含量的直接生理反应。尽管如此,这个实验的时间跨度对于缓慢的进化过程而

显生宙的氧气

言可能是太短了,缓慢进化过程有可能导致化石记录中真正的巨型化。因此,目前还没有定论,但石炭纪和二叠纪早期的氧气含量升高与昆虫巨型化之间的因果关系仍然是一个合理的解释。

回到模型。在我们发表了依据岩石丰度数据获得的显生宙氧气含量的历史之后,鲍勃回到了基于碳和硫同位素记录的氧气模型,这个模型被称为"GEOCARBSULF"模型,它是大气中二氧化碳和氧气两者历史的一个联合模型。氧气模型的结果如图 11.4 所示,这些结果与我们以前的模型的结果非常相似(与图 11.3 相比),这就强化了以下的想法:由岩石丰度和同位素数据推测的控制氧气释放进入大气的过程非常相似。

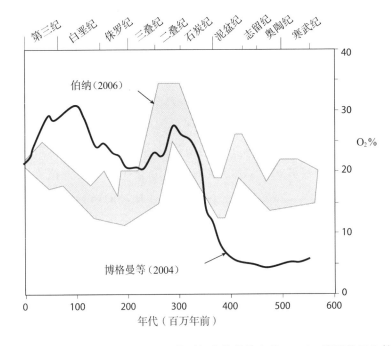

图 11.4 伯纳的 GEOCARBSULF 模型与伯格曼等人的 COPSE 模型结果比较图。伯纳模型结果周围的灰色区域覆盖了伯纳估计的不确定范围,以及作为原 GEOCARBSULF 模型的改进所提供的新结果

但这并不是故事的结局。埃克塞特大学的蒂姆·莱顿(Tim Lenton),他的论文导师,东英吉利大学的安迪·沃特森(Andy Watson),以及他们的博士生诺姆·伯格曼(Noam Bergman)也试图建立显生宙大气中氧气(和二氧化碳)的模型,但所用的方法有所不同。他们的"COPSE"(碳—氧—磷—硫演化)模型根植于詹姆斯·洛夫洛克(James Lovelock)的盖亚(Gaia)假说[9],此处不予详细介绍,但其最基本的观点是,盖亚假说设想生物体在塑造环境化学的过程中起着积极的作用。这在鲍勃和我早期的模型中是隐含了的,因为生物体,特别是陆生植物的进化在影响岩石中有机碳丰度的过程中扮演了重要的角色,有机碳含量又影响着氧气含量。在鲍勃最近的同位素模型里,生物体的作用被提得更加明确了,因为它们以各种方式直接影响碳循环[10]。

COPSE模型不是依赖碳和硫同位素从根本上推动氧气的产生速率,而是由多种外部因素驱动,这些因素本质上既有地质因素,也有生物因素,包括变质喷发和火山喷发的速率、构造抬升的速率、陆生植物的进化、陆生植物对风化作用的强化效应、海洋中有机碳埋藏的位置(深海还是浅海),以及显生宙时期太阳光度的增加[11]。事实上,许多这样的推动因素在鲍勃的模型中也可以找到,但是在某些反馈中,COPSE模型与鲍勃的模型明显不同。例如,COPSE模型对硫化物的氧化速率和陆地有机碳的风化作用采用了氧气敏感性这一因素。这是早期坎普赫和鲍勃·加莱尔斯的模型引入的(请回顾第五章卡尔·图雷基安与鲍勃·加莱尔斯之间的讨论),但鲍勃很早就从他的模型中删除了敏感性因素。COPSE模型还有一个野火反馈(也在第五章进行了探讨)因素,用以防止大气中的氧气含量过高。COPSE模型还跟踪了海洋中的营养物质(主要是磷),用来调节沉积物中的有机物埋藏。最后,

显生宙的氧气

COPSE 模型没有使用碳和硫同位素曲线作为驱动因素,而是把模型调整到尽可能地复原这些曲线[12]。这些曲线是地质记录不可分割的一部分,如果它们不能被复原,至少是恢复其基本的特征,那么这个模型就有可能受到怀疑。

图 11.4 显示了来自 COPSE 模型以及来自 GEOCARBSULF 模型的结果。两种模型有很多相似之处,尤其是氧气含量的增加伴随着陆生植物的发展兴起和随后的沼泽地区的煤炭埋藏(如前文所述),但也有重要的差别。主要的差别在于,在显生宙早期,COPSE模型得出的是低氧气含量。在 COPSE 模型中,这一特征是由于陆生植物的进化并扩张,导致氧调节发生根本变化,从而导致氧气含量增高。因此,在 COPSE 模型中,相对较低的大气中的氧气含量是陆生植物进化前的稳定状态。如果这是真的,那么 COPSE 模型预测的显生宙早期的低氧气含量就可以提供新元古代晚期氧气最高平均含量的估计,这在上一章讨论过。因此,区分 COSPE 模型和GEOCARBSULF 模型的预测,对于揭示元古宙晚期和显生宙早期大气中氧气的历史有重要意义。

我们在上一章中提到过的泰斯·达尔和艾玛·哈马朗德,可能已经找到了一种方法来区分这两种模型结果[13]。如果你还记得的话,他们分析了沉积在古代富硫(缺氧)环境里的沉积岩中钼的同位素组成。这种方法在以前的章节里提到过(参见书末列出的第九章注解 14),简言之,δ^{98}钼的值越高,则在富氧条件下从海洋里移除的钼就越多,而移入像黑海这样的富硫环境中的钼越少。换句话说,取一级近似,δ^{98}钼的值越大,海洋的氧气含量就越大。泰斯和艾玛发现,在大约 4 亿年前(如图 10.3 所示),δ^{98}钼的值就已增加。听起来是不是很熟悉? 的确,这大致就是陆生植物在陆地上扩张的时间,也大致就是 COPSE 模型显示的大气中的氧气含量大幅上升的时间。这显然支持了显生宙早期的 COPSE 模型结果。

还有更多。δ^{98} 钼值的上升与海洋中鱼类体型大小的显著变化在时间上同步。事实上，我们观察到出现了像邓氏鱼（*Dunkleosteus*）这样的鱼类，这是一种长达 10 米的真正的怪物，有着厚厚的盔甲头骨和颚骨，用来粉碎食物。在前文我们讨论蜻蜓的时候指出，体型更大和力量更大的鱼需要更多的氧气是合乎情理的。事实上，对于现代鱼类而言，这似乎也是正确的。在现代鱼类中，总的说来，小鱼比大鱼更能忍受低氧气含量（如图 11.5 所示）。在其他一些海洋生物的历史里，人们也看到了类似的情形。例如，板足鲎类（俗称"海蝎子"）是一种古代节肢动物，最早出现在奥陶纪。这一进化枝的一些成员生活在大约 4.2 亿年前的志留纪－泥盆纪（Silurian-Devonian）边界附近，其体长超过 3 米。因此，人们可能会如泰斯和艾玛所说，大气中氧气含量的提高伴随着陆生植物的增加，导致海洋里鱼类（和板足鲎）体型巨大化。但在陆生植物兴起之前，海洋中有一些大型游泳生物。例如，有一种寒武纪中期动物奇虾（*Anomalocaris*），体长以米计，就像在加拿大西部的伯吉斯（Burgess）页岩和中国的澄江沉积物中发现的那种。此外，广翅鲎属的巨型羽翅鲎超科（*Megalogratidae*）在奥陶纪晚期也达到了 1 米的大小。也有一些类似于大约 4.5 亿年前奥陶纪时期的几米长鱿鱼那样的鹦鹉螺类动物（属内角石目（Endocerida））的例子。这些早期巨型动物的存在并不意味着泰斯和艾玛错了。相反，虽然这些动物体型较大，它们更有可能是固着动物，对氧气的需求量比同等大小的鱼类更低。对这些或大或小、或快或慢的海洋游泳动物的生理过程进行更详细的观察，对于解开这些谜团是很重要的。

显生宙的氧气

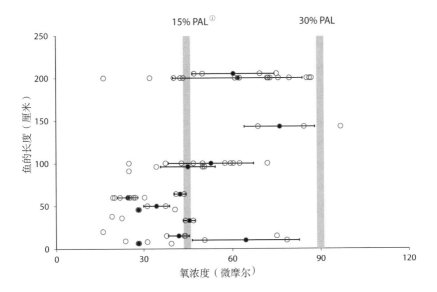

图 11.5 不同氧浓度条件下,鱼的大小与存活之间的关系。本图绘制的是 LC50,表示在设定时间段内,50%鱼类死亡时氧气的浓度值。当研究同一物种的多个实例时,给出了平均值和标准差。两条直方条还显示了对应于当前大气中氧气含量的 15%和 30%的氧气浓度。可以看到在当前大气中氧气含量 15%以下的低氧条件下,只有小型鱼类才能生存下来。数据由艾玛·哈马朗德(Emma Hammarlund)惠予提供

事实上,我们还有很多东西要学。然而,显生宙具有丰富的化石记录和相对丰富的沉积岩,为更好地了解大气中氧气含量的历史提供了可能。这段历史可以通过多方面的证据来探索,它似乎包含了大气氧浓度和地球生命的演化之间的一种迷人的关系。

---

① PAL,即 present atmospheric levels,当前大气含量。——译者注

第十二章
结语

这是一段漫长的旅程。最终，我希望我们能赞同地球是一个非常特别的地方。它与太阳相距甚远，使我们处于适宜居住的地带，使液态水得以持久存在。这种持久性得益于积极的温度调节，这种调节是通过大气中的二氧化碳浓度、地幔中的二氧化碳排放和风化作用对温度的调控促成。这种温度调控也受到板块构造运动的驱动，同样的板块构造运动还驱动着物质的再循环，后者对于生命至关重要，对于氧气释放到大气中也至关重要。如果没有板块构造运动，地球上可能仍然可以找到液态水，至少在某些地方是如此，但是生命远远不会如此丰富，也就不会有稳定的营养物质为生命供应能量。沉积物的循环不会发生，而有机物质和黄铁矿（它们是大气中氧气的最终来源）也不会被埋藏在地下。因此，如果没有板块构造运动，即使会有能产生氧气的生物存在，也不太可能在大气中积聚大量的氧气。正因为如此，地球作为一颗行星恰好具备这些"恰当的物质和条件"，成为一颗有氧气积聚的行星。任何其他环绕遥远恒星运行的行星，要有含氧大气环绕，可能也需要同样的"恰当的物质和条件"。这就是为什么美国国家航空航天局（NASA）寻找适合居住的星球时重点都是在恒星周围的可居住区域内寻找行星。

然而，具备"恰当的物质和条件"还是不够的。要使氧气积聚，就必须有氧气产生，这就意味着必须首先进化出能产生氧气的生物。在

结　语

地球上,产氧蓝细菌的进化途径显然是曲折又复杂的。在蓝细菌之前,至少有两种不同类型的不产生氧气的光合作用生物,即所谓不生氧光合作用生物。它们各自都进化出了不同的光合系统,能够把光转化为细胞所需的能量,而蓝细菌的偶联光合系统则明显是两种不生氧光合系统的融合。在制造叶绿素方面,蓝细菌也借用了它的不生氧光合作用生物祖先的色素生成系统,但有所修改。此外,至少是在广泛的细节上,使用四核锰簇合物的最重要的析氧复合物也可能被蓝细菌从已存在的酶中借用,用于把过氧化氢转化为水和氧气。总而言之,蓝细菌不是突然出现的,而是经过了大量的进化发展才出现的。哈佛大学的著名古生物学家史蒂文·J. 古尔德(Steven J. Gould)喜欢讨论进化中的偶然事件;换句话说,进化的结果达到什么程度取决于偶然性,比如偶然相遇、偶然突变或在环境压力下的偶然存活。

于是,问题就变成:如果我们"把磁带重放一遍"(用古尔德的话说),结果会是一样的吗? 蓝细菌会以同样的方式进化吗? 偶联的光合系统会以同样的方式出现,还是会出现完全不同的情况? 锰簇合物又是怎么样呢? 这些问题也许更是哲学问题,而不是科学问题,但它们并非完全无关紧要。在科幻小说中,我们想象世界具有可呼吸的空气,氧气是科学家用来搜索银河系及系外可居住(或有人居住的)星球的搜索参数之一。所以,我们可以想象,通往氧气的道路可以,而且会在地球以外的地方被遵循。我倾向于相信,如果有光、水、营养物质和时间,产氧的光合作用可能会在其他星球上进化出现。产氧的途径也许有所不同,但是地球上生命的一个显著的方面是微生物已经进化出了几乎所有可以想象得到的代谢类型,能为生长提供能量。从这个观点出发,产氧光合作用只是许多种可能性中的一种。

然而,地球记录表明,在大气中积聚氧气之前,不仅仅需要进化出能生成氧气的生物。对于蓝细菌是在什么时候进化的问题,人们几乎没有达成共识,但有确凿的证据表明,它发生在距今 24 亿年前到 23

亿年前之间的地球大气"大氧化事件"(GOE)之前。事实上,有证据表明,在大气普遍氧化之前,蓝细菌在极度缺氧的大气中存在即使没有 10 亿年或以上,也已经有几亿年。我们现在的理解是,导致地球成为一个可居住的行星的地球扰动,同时把还原性气体(主要是氢气)释放到地球表面。这些气体与氧气发生反应。在早期地球上,还原性气体释放的速率足以确保与所有的氧气发生反应,而氧气是从埋藏的有机碳和黄铁矿沉积物中释放出来的。随着地球的冷却,地球的构造运动变慢,从地幔中喷发出的还原性气体减少。根据这个观点,大氧化事件标志着地球历史上这样一个时间点:来自地幔的还原性气体(再说一遍,主要是氢气)喷发的速率减少到低于氧气被释放进入大气的速率。只有这样,氧气才能积聚。也有证据表明,早在 4 亿年前到 3 亿年前,大氧化事件就无规则地多次发生,大气里夹杂着"<u>一丝丝</u>"氧气。这"<u>一丝丝</u>"如用数字表示,大氧化事件之前的基线氧气含量可能只有现今水平(通常称为 PAL,即 present atmospheric levels)的十万分之一或更少。在出现"<u>一丝丝</u>"氧气期间,氧气含量可能升至 PAL 的 0.01%至 0.1%(参见图 12.1,供重建地球氧气历史之用)。

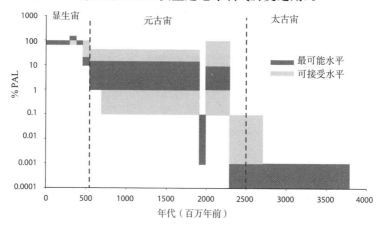

图 12.1　各地质年代大气氧气历史概要。图片来自坎普赫的研究结果(2008)

第十二章

结　语

大氧化事件本身似乎已经造成营养物质循环和碳循环的深刻变化,产生了令人惊讶的非线性结果。首先,似乎在新的氧化的大气里,营养物质(可能是磷)的移动使海洋里有机物质的产生加速,导致在地球历史上有机碳埋藏速率提高和最大的碳同位素正漂移(拉马甘迪同位素漂移)。它可能还导致了超出大氧化事件最初阶段大气中的氧气含量升高,甚至可能接近现今的氧气含量数值。随着有机碳的回归,又形成一个氧气含量的极大回落,稍后即进入风化环境,使氧气含量降落到极低的数值,虽然还明显高于大氧化事件之前通常呈现的水平。在大氧化事件之后大约 5 亿年,碳循环进入相对稳定的状态,产生的氧气含量不超过现今氧气含量的 40%,而且更可能在现今氧气含量的 10% 到 15% 之间或更低。在这段时间内,氧气的下限还没有完全确定,但可能是在现今氧气含量的 0.1% 到 1% 之间。这一氧气含量应该足够支持活跃在陆地上的有机物质和黄铁矿的风化作用,这似乎是事实。

新元古代标志着从早期地球占统治地位的微观生命到显生宙宏观生命的转变。新元古代以几次大的、也许是全球性的冰川作用为标志,它们对地球氧气历史的影响仍然不确定。尽管如此,许多地球化学指标表明新元古代后期海洋发生了氧化。这种氧化与动物的出现有关,包括运动的宏观动物。这类生物似乎需要氧气含量达到现今氧气含量的 10%(尽管许多现代的运动的动物,特别是小动物,可能可以耐受低于现今氧气含量 1% 的氧气水平),因此很容易得出结论:动物的出现是由海洋氧化程度的增加造成的。如果这是真的,那么在新元古代晚期,氧气含量从现今水平的 1% 左右上升到某个更高的数值,可能是现今氧气含量的 10% 到 15%。

另外还有一种假说,认为在动物出现之前,氧气含量已经达到了现今氧气含量的 10%。根据这种观点,大型动物在出现时,就已经处于宽松的环境中。如果这是真的，那么动物出现的延迟是因为这样的事实：从简单的单细胞真核生物进化到多细胞动物是需要时间的。如果是这种情况，那么由地球化学测量所揭示的海洋氧化并不是由大气中氧气含量增加引起的。更可能的是，测得的指标可能反映了海洋氧化程度的增加，而这可能是由动物自身造成的。海洋氧化程度的增加可以看作是海洋中氧气持续存在的区域扩大了。我更喜欢这种观点，因为在新元古代晚期，没有明显的碳循环特征表明向大气释放的氧气持续增加。更多的研究工作将搞清楚这一问题。

我认为最可能的是，在显生宙的早期阶段，氧气含量在现今氧气含量的 10％到 20％之间，这与显生宙时期的一些氧气进化模型是一致的。地球化学测量显示，在晚期志留纪和早期泥盆纪时期（大约 4.2 亿年前），海洋氧化程度显著增加，这与海洋鱼类的体型急剧增大在时间上是同步的。对这种相关性的解释是，地球化学测量结果捕捉到了大气中氧气含量的真实增加，超大型鱼类的体型是由高氧气含量造成的。大气中氧气含量的真正增加是有意义的，因为在同一时间前后，陆生植物进化并扩张。陆生植物对养分的需求低，再加上它们的有机物质不易腐烂，使有机物质埋藏增加，从而使释放到大气中的氧气增加。根据这一观点，陆生植物的进化导致了碳循环的根本性重组，造成大气中氧气含量的增加，并进一步对生物进化产生级联效应。由于古地理学的独特性，在石炭纪和早期二叠纪时期，大量沼泽中有机物质的埋藏速率非常高。这种情况导致了氧气释放速率极大提高。在地球历史的这段时间里，大气中的氧气含量可能已经大大超过了现今水平。巨型昆虫就是这些高氧气含量的可见结果。

至于现代世界，我们可以很轻松地适应现有的大气中的氧气含量。这个氧气含量是稳定的，尽管由于燃烧化石燃料，可以测得大

结　语

气中氧浓度有变化,但这种变化是微不足道的——除非地质/生物过程在全球范围内发生联动变化,但这可能要几百万年的时间。所以,深呼吸,好好思考,我们在地球大气中所享受的氧气含量的背后有着漫长的历史。

注　解

前　言

1. 奥卡姆剃刀原理被认为是由 14 世纪英国圣方济各会修士奥卡姆的威廉（William of Ockham）提出，最初的表述译自拉丁文，为"如无必要，勿增实体"。其更直白的表述是：对某事最好的解释通常是最简单的解释。

第一章　地 球 简 说

1. 氧化还原反应必定是热力学上有利的，对于热衷于氧化还原反应的生物体，实际上不仅仅要求反应是在热力学上有利的。事实上，在异养代谢过程中，每摩尔的有机碳被氧化必定获得 15 千焦耳到 20 千焦耳能量。这是因为，在细胞水平上，最基本的生物功能是产生 ATP。这就需要通过一种叫做 ATP 合成酶的酶复合体来转运 3 到 4 个质子（H^+），因此，生物体所需的最低能量就是转运质子所需的能量，估计每摩尔有机碳所需的能量是 15 千焦耳到 20 千焦耳。

2. 当环境变得苛刻或水变得稀少时，许多生物体会形成孢子或孢囊，将自己置于一种休眠状态，并且无时间限制，直到情况得到改善，再恢复新陈代谢。

3. "金发姑娘区"这个名字是指传统的民间故事《金发姑娘和三只熊》，故事中金发姑娘偶然进入三只熊的房子，房子里空无一人，金发姑娘走进房子里,房子里有粥和椅子,并且小熊的床不软不硬刚刚好,然后金发姑娘在小熊的床上睡着了。三只熊回来后,金发姑娘被小熊唤醒,她迅速跳窗逃出了房子。

4. 星体反照率定义了物体对可见光的反射率。反照率为"0"的物体是完全黑色的,吸收所有入射光,而完美的反射体是白色的,其反照率为"1"。因此,反照率低的物体可以比反照率高的物体吸收更多的光能,并变得更温暖。地球的反照率估计在 0.3 左右,其中包括云层所起的作用在内。

5. 现今的金星大气层含水量很少。原先存在的水大部分已通过光解作用丢失。光解作用是一种由光驱动的过程,由此生成氧气和氢气。在金星上,氢气逃逸进入太空,而氧气则与行星表面的矿物质或与来自行星内部的气体发生反应。事实上,现今的金星大气层中富含二氧化碳,而二氧化碳从金星内部排出时,在大气层中积聚了亿万年。

6. 太阳由于核聚变反应,其核心处的氢/氦(H_2/He)比随着时间的推移而降低,因而燃烧得更亮了。根据"标准太阳模型",这会导致引力收缩、热量释放和温度升高,从而表现出光度增加。据估计,在大约 45 亿年前太阳刚刚形成时,它的光度只有今天的 70%。

7. 我来自美国中西部地区,那里的墓碑通常是由石灰石雕刻而成的。碑龄 150 年以上的墓碑常常难以辨认,或几乎无法辨认。这是由于风化过程的腐蚀作用。大气中的二氧化碳溶入雨水,当雨水流经石灰石时,与石灰石发生反应,缓慢地腐蚀石灰石。

8. 这一证据来自古老(27 亿年前到 22 亿年前)土壤里的矿物质分布,即所谓的古土壤。这些古土壤缺乏菱铁矿,根据罗伯·拉伊(Rob Rye)、菲利普·郭(Phillip Kuo)和迪克·霍兰德计算,这意味着大气中的二氧化碳含量比预期的要低得多(Rye, R., Kuo, P. H., Holland, H. D., 1955. Atmospheric carbon dioxide

concentrations before 2.2 billion years ago. *Nature* 378,603 - 605)。这一主题在第七章有详细讨论。

9. 甲烷含量高也可能符合我们对氧气浓度随时间变化的认识，在后面章节中也有提及；氧气和甲烷混合在一起属于热力学不稳定气体，在大气中会发生反应，形成二氧化碳。

10. 米尼克·罗辛和他的同事们认为，早期地球的反照率比通常假设的数值要低，因为陆地面积比现在小，而且也因为生物诱导的云凝结核较少，从而云形成较少。反照率较低，于是就不需要大气里有高浓度温室气体来保温，即使早期太阳光较弱也是如此。研究人员还提供了进一步的证据证明大气中二氧化碳含量较少。他们提出，在这段时间内，太古宙年龄的条带状含铁建造中磁铁矿的丰度与这一时期大气中的高二氧化碳含量不一致。如果二氧化碳含量比现在高得多，菱铁矿应是主要的 Fe（铁）相。

11. 目前，大气中有 3.16×10^{15} 千克的二氧化碳（万分之四），相当于 7.2×10^{16} 摩尔。地球上光合作用的总速率约为 8×10^{15} 摩尔/年，所以在光合作用过程中，二氧化碳在大气中的停留时间是 7.2×10^{16} 摩尔/8×10^{15} 摩尔/年，即约 9 年。

12. 目前，海洋中有 3.3×10^{15} 摩尔的磷酸盐。海洋中的光合作用速率约为 4×10^{15} 摩尔/年，浮游植物的平均 C/P（碳/磷）比为106：1，因此磷停留时间相对于浮游生物的摄入为（3.3×10^{15} 摩尔/4×10^{15} 摩尔/年）$\times 106$，即约 86 年。

13. 我的地球化学同事们会在这里和我争论，因为正如我在文章中提到的，碳在沉积物中也会像无机碳化合物一样被永久地移除。此外，碳酸氢盐是海洋中无机碳的主要形式，它的储存量是大气中二氧化碳的大约 50 倍。所有这一切的最终结果是将计算所得的二氧化碳的停留时间延长了 10 倍左右。然而，考虑到这些因素，也并不会改变文中所提到的观点。

第二章　先氧时代的生命

1. 当我还是个孩子的时候,我经常做噩梦,梦中我爬过一个山洞,来到一个险恶的地方,我卡在那里,既不能转身,又不能前进或后退,真是令人毛骨悚然。

2. 科罗拉多(Colorado)河的水大量用于灌溉,是南加利福尼亚饮用水的主要来源。因此,现在只有少量的水到达加利福尼亚湾。

3. 这通常被称为海洋透光层。

4. 这些是环节动物门的成员,因此是蚯蚓和水蛭的远亲。

5. 自养生物,包括自养产甲烷菌,从二氧化碳中获得细胞物质。

6. 这个反应是: $4H_2 + CO_2 \longrightarrow CH_4 + 2H_2O$。

7. 异养生物通常从有机物中获取细胞物质。异养型产甲烷菌尤其擅长将醋酸盐分解为甲烷和二氧化碳,其反应式是: $H^+ + CH_3COO^- \longrightarrow CH_4 + CO_2$。醋酸盐是一种常见的发酵产物。一些产甲烷菌还能分解甲胺化合物,从而释放出甲烷,还能从甲醇等简单醇类中产生甲烷。

8. 这些反应是:

$$SO_4^{2-} + 2CH_2O \longrightarrow H_2S + 2HCO_3^-$$
$$SO_4^{2-} + 4H_2 + 2H^+ \longrightarrow H_2S + 4H_2O$$

9. 氢气(H_2)是一种具有强还原性的化学物质,因此非常适合将二氧化碳(CO_2)还原为有机物,把硫酸盐还原为硫化物,还可以还原许多其他氧化性更强的化学物质。回想一下上一章,生物体通过控制热力学上有利的氧化还原反应来获得能量并生长。

10. 从字面上说,这是不产氧光合生物。

11. 这个反应是: $2H_2 + CO_2 \longrightarrow H_2O + CH_2O$。

12. 在谈到原核生物时,著名地球生物学家劳伦斯·巴斯·贝金（Laurens Baas Becking）在他 1934 年出版的《地球生物学》（Geobiologie）一书中说："万物无处不在，但都是环境的选择。"我相信弗里茨·维德尔（Fritz Widdel）是这句话的坚定信徒。他似乎从未离开实验室去收集一些最有趣的微生物物种。

13. 为了分享其中的一些不确定性和假设，我们在进行计算时，假设养分有效性率和海洋环流速度与现今相同。

14. 这个名字是开玩笑。这是一个非常暖和的地方。

第三章　产氧光合作用的演化

1. 这段话和随后的引文都摘自舍勒原著的译本。摘自 *The Discovery of Oxygen*，*Part 2*，*Experiments by Carl Wilhelm Scheele*（1777），阿勒姆别克（Alembic）俱乐部重印，第 8 次印刷，爱丁堡（1901）（伦纳德·多宾（Leonard Dobbin）译）。

2. 炼金术士和发明家康纳利斯·德雷贝尔（Cornelis Drebbel，1572—1633）明显地发现，加热硝酸钾可以产生可呼吸的"空气里的硝石"（氧气），并可能在 1621 年使用这项技术来支持 12 名划桨手在水下 16 千米处划船，这可能是第一次持续的水下潜行。

3. 实际上是我们的大气的 21%。

4. 一直到他在 1804 年去世，普里斯特利都把氧气称为"脱燃素空气"。这个名字背后的逻辑是，如果来自燃烧物质的燃素积累起来会导致空气失去支撑火焰的能力，那么脱燃素空气就会有相反的性质，并支撑火焰。

5. 斯坦福大学的卡尔·杰拉西（Carl Djerassi）和康奈尔大学的罗尔德·霍夫曼（Roald Hoffmann）在《氧气》一剧中探讨了这一可能的事件链。

6. 这句话出自英根豪斯（Jan Ingenhousz），1779 年（*Experiments upon Vegetables*，*Discovering Their great Power of purifying the*

Common Air in the Sun—shine,and of Injuring it in the Shade and at Night. To Which is Joined，A new Method of examining the accurate Degree of Salubrity of the Atmosphere），为伦敦斯特兰德大街 P. 尔姆斯利（P. Elmsly）及蓓尔美尔街（Pall Mall）的 H. 佩恩（H. Payne）所印。

7. 可溶性电子载体 NADP$^+$ 是一种具有氧化性的化合物，它可以接受电子，发生还原反应生成 NADPH。氧化还原电对 NADP$^+$/NADPH 和 NAD$^+$/NADH 被细胞广泛用于细胞代谢和生物合成过程中的氧化还原反应。

8. ATP 即三磷酸腺苷。它是一种高能化合物，被细胞用来进行化学反应，否则化学反应在热力学上是不可能的。一种生成 ATP 的重要模式是通过所谓的电子传递链，即通过一系列载体酶可逆地接受和释放电子或质子，在内膜上相互关联地有序排列成传递链。质子和电子通过一种称为 ATP 合成酶的酶进行回流，并在这一过程中生成 ATP。

9. Rubisco 是核酮糖 1,5 二磷酸羧化酶/加氧酶的缩写。

10. 关于绿硫细菌（GSBs）的一点题外话。一般来说，绿硫细菌是厌氧型的，它们大多数善于氧化硫化物，有些也可以氧化 Fe^{2+}（它们存在于富含 Fe^{2+} 的马塔诺湖，在第二章中有介绍）。一些绿硫细菌也发展出了巨大的天线复合体，生活在光照极少的条件下。例如，在黑海，绿硫细菌在大约 100 米深处氧化硫化物。那里，光线弱到相当于你在莫哈维（Mojave）沙漠的一个既无月又无云的夜晚，戴着两副墨镜的能见度！有机会你不妨试试看。

11. 紫色细菌群体中的厌氧光养生物生活方式非常多样化，它们生活在从污水处理厂到富含硫化物的湖泊等各种环境中。这些生物中有许多也可以氧化硫化物，有些也可以氧化 Fe^{2+}。然而，作为一个群体，它们是多面手，一些成员也可以在氧化条件良好的环境中找到,包括海洋上层有阳光照射的地方。

12. 基因复制在生命历史中并不罕见。从单个基因到整个基因组,都可发生一系列基因复制。然而,复制的基因可能会通过突变而发生独立于原基因的进化。在某些情况下(可能是大多数情况下),复制的基因会变得毫无用处,从基因组中消失。在其他情况下,复制的基因可能与原基因有相同的功能,甚至可能比原来的基因更好。此外,复制的基因还可能会进化出全新的功能。但一般来说,如果复制的基因对细菌有益,它就会被保留下来,否则就会消失。

13. 事实上,所有的二磷酸核酮糖羧化酶都具有加氧酶活性,包括所谓类二磷酸核酮糖羧化酶蛋白(RLPs),后者与厌氧的古细菌(Archaea)相关。这些类二磷酸核酮糖羧化酶蛋白并不是用来固定碳的,但被认为是真正的固碳二磷酸核酮糖羧化酶的前体。

14. 二磷酸核酮糖羧化酶的一个可能的优点是,虽然它有加氧酶活性,但仍然可以在有氧气存在的条件下在卡尔文循环中发挥作用,而其他的固碳途径就不是这样。

15. 当蓝细菌形成微生物席时,席内的氧浓度可能达到1巴或更高,如第四章所述。这应该也是很久以前就存在的真实情形,那时大气中的氧气含量比现今低得多。

第四章　蓝细菌:伟大的释放者

1. 初级生产量是指二氧化碳通过自养过程形成有机物的速率,通常指总初级生产量(GPP)或净初级生产量(NPP)。总初级生产量指二氧化碳固定为有机物的瞬时速率,而净初级生产量指减去细胞呼吸后的有机物的生成速率:NPP=GPP-呼吸。

2. 当然,随着许多陆生植物的进化,地球真的变成了绿色。

3. 在厌氧光合微生物群落清晰可见的陆地温泉地区以外,至少需要用显微镜才能够进行观察,如第二章所述。

4. 在这种情况下,"depósita"只不过是一个小木屋,人们可以在那里买到啤酒、苏打水(有时还有冰块)。啤酒很便宜,服务也很友好,店门口总是有两三只狗懒洋洋地躺在地上。

5. 也许最著名的现代海洋叠层石是在澳大利亚鲨鱼湾的哈姆林池中发现的,那里海水的盐度大约是正常海水的两倍。这样盐度的水可能不利于食草动物生存,否则它们就会以蓬勃生长的蓝细菌为食。一般来说,叠层石是由蓝细菌分泌的黏性有机物质粘住固体小颗粒形成的,或者是蓝细菌分泌的黏性有机物质促使来自海水的碳酸钙沉积而形成固体堆积样结构而形成的。

6. 这实际上是由丹麦奥胡斯大学的布·巴克·约根森(Bo Barker Jorgensen)测定的。作为微生物席研究的大师,布开发了微光探针,能以 0.1 毫米的深度分辨率探索微生物席里光的强度和光谱分布。

7. 尼尔斯·彼得·雷夫倍克研究出的一种所谓"光暗移"方法,以测定氧气生成速率。其假定非常巧妙,而且非常简单。当微生物席里有氧气积聚的区域的形状处于稳定状态时,意味着它不会随时间变化,在其内部的任何给定点,氧气生成的速率与因呼吸和扩散而造成的氧气损失的速率维持平衡。尼尔斯·彼得指出,如果没有光照,氧气的生成就被中断,但在这一过程中,氧气依然存在。因此,在没有光照的那一刻之后,由氧气微电极测得的氧气减少的瞬时速率与光照熄灭那一刻前氧气生成的速率完全相同。在实践中,为了测定氧气光照的生成速率(相当于初级生产速率,见下文注解8),微生物席必须没有光照,每 1 秒或 2 秒钟测定一次氧气的减少速率。在此之后,氧气积聚区的形状发生改变,氧气的减少速率将不再等于无光照之前氧气的生成速率。

8. 产氧光合作用生成有机物质和生成氧气的速率大致相当。

从光合作用的化学方程式中可以看到这一点:$CO_2 + H_2O \longrightarrow CH_2O + O_2$，其中 CH_2O 代表有机物质。

9. 我们通常认为原核生物是细菌。它们是一种单细胞生物,除罕见的几种之外,原核生物缺乏细胞器和有膜包围的细胞核。形式上,原核生物在生命树里被划入细菌和古生菌。

10. 这种利用光的能量促成利用氧气的反应,称为梅勒(Mehler)反应。

第五章 是什么在调节大气的氧浓度

1. 在珠穆朗玛峰顶端的大气中,氧气占大气总量的 21%,而氧浓度减少(每一体积气体)是由大气压降低造成的。

2. 你可能还需要在容器中加入一些二氧化碳,这样就不会限制氧气的生成。

3. 与我们一样,植物呼吸也是为了获得实现代谢功能所需的能量。植物不分日夜都在呼吸,但是晚间没有光合作用生成碳,而是出现净有机碳氧化。不同的植物夜间氧气减少的程度有很大的不同,主要取决于植物的生长速度。生长快的植物会比生长慢的植物积累的氧气更多。

4. 有机物质可包括原来由光合作用生成的有机物质的残余物,或者食物链上以这种有机物为食的任何生物。这些生物包括几乎所有非光合作用生物,从异养菌到真菌、鱼类和马。

5. 页岩是一种细粒度的、碳酸盐贫乏的沉积岩,由黏土和泥沙样颗粒组成。

6. 这些是相关的化学方程式,显示了黄铁矿埋藏如何代表向大气供氧气的氧源。最下面的化学方程式是上面三个化学方程式的总和。

$$16H^+ + 16HCO_3^- \longrightarrow 16CH_2O + 16O_2 \quad 产氧光合作用$$

$$8SO_4^{2-} + 16CH_2O \longrightarrow 16HCO_3^- + 8H_2S \quad 硫酸盐还原反应$$

$$8H_2S + 2Fe_2O_3 + O_2 \longrightarrow 8H_2O + 4FeS_2 \quad 黄铁矿形成$$

$$16H^+ + 8SO_4^{2-} + 2Fe_2O_3 \longrightarrow 8H_2O + 4FeS_2 + 15O_2 \quad 总和$$

7. 不幸的是,这两位现在都已经逝世。1988 年,鲍勃·加莱尔斯逝世,而就在我收到本书的校样作更正前夕,卡尔·图雷基安逝世。这两位都是地球化学研究领域的巨人,在我作为一名科学家发展的早期阶段是我的重要导师。

8. 当然,并不是所有的沉积物都容易受到这种风化作用的影响。据推测,新沉积的沉积物中有一小部分可以在短时间内风化(如在 2 000 万年前到 1 000 万年前的范围内),余下的则成为更缓慢循环的"老"岩石记录的一部分。

9. 俯冲带是板块构造过程的自然结果,最初在大洋中脊形成的海底被俯冲回地幔。俯冲带是造山运动和活跃的火山活动的区域。南美洲西海岸是俯冲带的一个很好的例子。

10. 缺氧意味着氧气不足,而有氧则是有氧气存在的一种状态。"海洋缺氧"是指部分海洋水层不含氧气的情况。海洋缺氧的范围在整个地球历史的进程中有扩张和收缩,其扩张和收缩的各种方式在本书中都有讨论。

11. 在我的职业生涯早期,我深入地参与了这两种过程的研究,既研究控制沉积物中有机碳的保存,也研究在缺氧腐败的条件下保存是否有所加强。与往常一样,这种研究有点复杂,但我和其他人提供的实证证据,以及随后的实验研究,尤其是我的同事埃里克·克里斯滕森(Erik Kristensen)在南丹麦大学的研究表明,在有氧气存在的环境里,有机物的分解比在缺乏氧气的环境中的厌氧过程更为普遍。

12. 事实上,关于控制海洋初级生产速率,是氮重要还是磷更要这个问题,确实存在着大量的争论。如果观察全球海洋中氮、磷的变化趋势,大多数地方都有轻微的磷过量,这意味着氮是限制性营养素,因此最有可能控制初级生产速率。由于固氮速率与海洋中的脱氮速率无法保持同步,所以出现了轻微的氮缺乏。这可以看作是关于营养限制的更为“生物学”的观点。地球化学家则倾向于认为磷是限制性营养素,因为海洋中的氮含量应该根据浮游植物对磷营养素的需要自动调整。例如,如果海洋中磷酸盐的存量翻一倍,可以预测,固氮作用将使氮存量增加,以平衡(或几乎平衡)初级生产者对于新的、更大的磷存量的需求。这种观点有一些可取之处,因此为健康的科学辩论提供依据。

13. 沉积在缺氧和含氧水域里的沉积物,其磷浓度有差异,原因还不完全清楚,但有一些想法。如果水层含氧气,铁氧化物会在沉积物表面形成,这些氧化物会与磷牢固地结合,并在沉积物内部形成一个磷捕集器。这可能是为什么含氧水层下面的沉积物含有更多磷的原因之一。但这并不是唯一的原因,因为含氧水层下面的沉积物中,对于一定量的有机碳,有机磷含量比在缺氧环境中形成的沉积物里要多。埃勒里·英格尔认为,造成磷含量上升的原因是与厌氧微生物中所含的磷相比,好氧微生物可能会优先将磷浓缩到生物量中,并把磷转变为难以分解的有机磷。

14. 虽然野火反馈源于沃森的工作,而且他经常被给予肯定,但他在一次关于他的研究的讨论/回复中这样写道:“我们当然不认为燃烧过程中产生的氧气消耗与氧气调节的问题有任何关联。相反,我们只是简单地指出,如果氧含量比现在的 21% 高得多,将与大量陆地生物量的存在是不相容的,因为有很高的火灾概率。”(Watson, A., Lovelock, J. E., Margulis L., 1980. Discussion, what controls atmospheric oxygen. *Biosystems* 12,124 - 125)由森林火灾造成的可能的氧气调节首先是由坎普赫(Lee Kump)提出的(Kump, L. R., 1988. Terrestrial feedback in atmospheric oxygen

regulation by fire and phosphorus. *Nature* 335, 152 – 154)。尼克·雷恩(Nick Lane)在他的精彩著作(*Oxygen: The Molecule that Made the World*,牛津大学出版社,牛津,2002)中提出了一个有趣的反对意见。他认为,森林火灾产生的木炭很难分解,实际上可能会增加有机碳的埋藏,从而产生更多的氧气。

第六章　大气氧气的早期史:生物学证据

1. 此说见于索尔兹伯里的约翰(John of Salisbury)的《元逻辑》(*Metalogicon*),该书写于大约 1159 年。

2. 俄罗斯科学院维尔纳斯基地球化学和分析化学研究所设在莫斯科,维尔纳斯基地质博物馆也在那里。在乌克兰和俄罗斯,可以找到维尔纳斯基的几尊半身雕像和全身雕像。

3. 一些想法,比如埃伯曼(Ebelman)的想法,已经远远超前于他们的时代。在这种情况下,想法虽好,很有道理,但过于超前,就难有任何用武之地。地质学的发展尚没有超前想法的容身之地,因此超前想法的影响并不明显,所以,就消失在集体的科学意识之中。直到很久以后,在地球的地质历史得到更好的理解时,科学界才对氧气控制的想法产生了广泛的兴趣。到这个时候,维尔纳斯基的思想才由加莱尔斯、佩里和迪克引入。

4. 其中一项重要的会议成果可见于视野(Scope)丛书 1983 年的第 19 卷,由 M. V. 伊凡诺夫(Ivanov)和 J. R. 夫雷内 (Freney)编辑的《全球生物地球化学硫循环》(*The Global Biogeochemical Sulphur Cycle*)。

5. 虽然在这段时期内还未发现沉积岩,但发现了一些非常古老的矿石。例如,在一些已知最古老的沉积岩里发现一种特殊类型的矿石,名为锆石($ZrSiO_4$),其中一些锆石的年代在 44 亿年前到 43 亿年前。这些锆石最初所在的岩石已经风化,但是锆石本身对风化作用有很强的抵抗力。因此，它们通过风化从原岩石中暴露出来，在古老的河流中流动而沉积在年代较近的沉积物中。这些锆石携带关于这颗非常早期的行星上是否有水存在的一些线索，或许还有一些我们必须学会解读的其他线索。

6. 在我们所观察的所有岩石中，这种化学成分的再分配是一个必须注意的问题。

7. 浊积岩是一种常见的沉积物类型，通常形成于较深的水域。它们是由水下"雪崩"的现象形成的，当来自较浅水域的沉积物被重新活化，沿着斜坡流到更深的水域。再活化的发生是因为地震，或者由于固有的缺陷，如沉积物沉积在陡坡之上而导致不稳定。

8. 许多年前，在米尼克研究岩石之前，德国美因茨（Mainz）马克斯·普朗克（Max Plank）化学研究所的曼弗雷德·希特洛夫斯基（Manfred Schidlowski）研究并测定了伊苏阿岩石中石墨的同位素组成。然而，这些岩石与米尼克所观察到的岩石不是同一种岩石，并且两者没有相同的地质背景。曼弗雷德的数值通常比米尼克发现的那些岩石有更少的^{13}C贫化同位素信号。（关于这些碳同位素的详细内容，请参阅正文）

9. $\delta^{13}C = 1\,000(R13/12_{样品} - R13/12_{标准品})/(R13/12_{标准品})$，在我们的样品或标准品中，式中的$R13/12$是样品或标准品中碳13与碳12的比值。

10. ‰这个符号表示每一千份里占的份数。比较之下，％表示每一百份里占的份数。所以，千分数就是百分数的十倍，如千分之十，就是百分之一。

11. 用非生物方法产生有机物质的途径有多种，所得有机物质的同位素信号与在伊苏阿地区发现的同位素信号类似。然而，这些反应需要的催化剂在伊苏阿岩石中少有存在。此外，这些无机途径在海洋水层里不为人知，也很难解释伊苏阿岩石中浊积层与有机层的互层。

12. 有些蓝细菌会产生一种叫做异形胞的细胞,固氮作用(我们在第四章中说到过)发生在这种细胞中;有些蓝细菌能产生叫做厚壁孢子的静息细胞。异形胞和厚壁孢子的形态明显不同,如果在菌丝里有发现,它们就为蓝细菌的存在提供了强有力的证据。否则,由于保存完好的古代蓝细菌的形态与现今的物种非常接近,因此很难定性为蓝细菌。

13. 其中一些可能是贝日阿托氏菌属(*Beggiatoa*)和辫硫菌属(*Thioploca*)的丝状硫磺细菌,利用氧气氧化硫化物,并以硝酸盐维持生存。

14. 最近,马丁·布拉席尔(Martin Brasier)和同事们提出了一些证据,证明在比顶点燧石早大约 6 000 万年前的岩石里存在化石细菌(Wacey D., Kilburn M. R., Saunders M., Cliff J., Brasier M. D., 2011. Microfossils of sulphur-metabolizing cells in 3.4-billion-year-old rocks of Western Australia. *Nature Geoscience* 4, 698 – 702)。这些化石形式具有与生命相一致的碳同位素的鲜明特征。这些化石本身保存得并不十分完好,它们可能会受到像比尔·邵普夫所描述的顶点燧石同样的检测,但碳同位素的证据似乎很明确地表明生命迹象。

15. 他们还发现了许多被称为"藿烷"的分子,尤其是 2 -甲基藿烷。以往,人们认为这些是特定的蓝细菌生物标志物,但随后的研究表明它们也可由非蓝细菌原核生物生成(Welander P. V., Coleman M. L., Sessions A. L., Summons R. E., Newman D. K., 2010. Identification of a methylase required for 2-methylhopanoid production and implications for the interpretation of sedimentary hopanes. *PNAS* 107, 8537 – 8542)。因此,它们不再被认为是严格的蓝细菌生物标志物。

16. 真核生物是一种生物,其细胞内含有以核膜为边界的细胞核以及细胞器,如线粒体,植物则包含叶绿体。

第七章 大气氧气的早期史:地质学证据

1. 遗憾的是,在我写完本章的第一稿之后,迪克去世了。然而,在草稿完成后,我就给他寄了一份,我只能希望他能喜欢开篇那几页。

2. 古生代是显生宙三个代中的第一个,即动物时代。显生宙从 5.42 亿年前的元古宙末期一直延续到 2.51 亿年前的二叠纪末期。二叠纪结束标志着地球史上已知的最大规模的动物灭绝。更多的细节见前言和图 1 所示的地质年代表。

3. 事实上,大部分的金因为后来的热液活动而重新分布。尽管仍存在激烈的争论,但有一种观点认为,重新分布的金来自原始的碎屑金颗粒。似乎有一些证据可以证明这一点,因为一些碎屑金颗粒仍然明显可以见到。

4. 我们可以到美国、加拿大、南非、印度、乌克兰、巴西和格陵兰岛的各个地方进行游览,并观察到跨越太古宙的类似岩石。这些岩石类型也有一些较为年轻,其年代集中在 19 亿年前和 6 亿年前到 7 亿年前,后续的章节将进行讨论。

5. 詹姆斯·法夸尔非常谦虚,我相信他并没有这么说。

6. 同位素^{32}S的原子核中有 16 个质子和 16 个中子,而^{33}S有 16 个质子和 17 个中子。同位素^{34}S有 18 个中子,而^{36}S有 20 个中子。

7. 由于硫酸盐浓度低,石膏不会形成海水浓缩物,所以我们不需要担心在低氧环境中石膏会成为河流里硫酸盐的来源。

8. 我们在这里讨论的是地幔的氧化还原状态。这是可以评估的。例如,通过观察火山岩中钒的浓度就可以做到。依据熔融物质形成处地幔的氧化还原状态,钒将自身分成小块,融入地幔岩石的部分熔融物质之中。因此,当这些熔融物质喷发到地球表面时,钒含量就提供了一种测定地幔氧化还原状态的方法。如果我们随时研究这些火山岩石,我们就可以评估地幔氧化还原状态的演化过程。现有的证据表明,这一演化过程并未发生太大的变化(Canil D., 2002. Vanadium in peridotites, mantle redox and tectonic environments: Archean to present. *Earth and Planetary Science Letters* 195, 75 - 90)。

9. 这里的想法是,为了让开始时显示质量相关硫同位素信号的单一的起始化合物(如二氧化硫)形成非质量硫同位素分馏效应,必须至少生成两种产物显示相反的非质量硫同位素信号。现在想象一下接下来的大气化学,在本例中就是与氧气发生氧化反应,使每一种产物都形成一种单一的化合物,在本例就是硫酸盐。硫酸盐将通过结合来自 SO_2 光解形成的原始化合物的相反非质量硫同位素信号而形成,产生与原始 SO_2 具有相同的质量相关硫同位素信号。

第八章　大氧化事件

1. 实际上,基于当时使用的年表,克劳德更倾向于认为年代范围是 22 亿年前到 20 亿年前。随后的更好的纪年方式已把年代作了若干回推。

2. 迪克·霍兰德也研究了古土壤的化学性质。这些是地质记录中保存下来的古土层的遗迹。长话短说,在大氧化事件之前,土壤因为风化作用流失了大量的铁。这是因为在低氧的大气中,风化过程把铁从岩石中溶解出来了,但是由于没有氧气将其从溶液中氧化成为铁锈,已溶解的铁(Fe^{2+})从土壤中被运送到溪流和河流中,并可能流入海洋。在大氧化事件之后,铁与氧气发生反应,然后作为氧化矿物质被保留在土壤中(Rye R., Holland H. D., 1998. Paleosols and the evolution of atmospheric oxygen: A critical

review. American Journal of Science 298，621 - 672)。

3. 乔·克什维克(Joe Kirschvinck)的一个想法是"雪球地球"假说。这里,乔认识到许多与新元古代期间大范围的冰川作用相关的冰川沉积物位于赤道附近。更早些时候,俄罗斯的米哈伊尔·布迪科建立了地球表面热平衡模型,并得出结论:如果冰川曾经延伸到赤道附近的 50°范围以内,那么地球的反照率会高到使地球无法保持足够的来自太阳的热量以避免冰川覆盖全地球。这个模型被称为"失控的冰室",乔把这个模型应用到新元古代的冰川,他认为在那个时代,地球成为一个"失控的冰室",可能是几次,冻结的固体形成了一个"雪球地球"。他还对地球如何摆脱这种情况提出了一些巧妙的想法。

4. 二氧化碳(CO_2)、碳酸(H_2CO_3)、碳酸氢根离子(HCO_3^-)和碳酸根离子(CO_3^{2-})都可以通过由 pH 控制的化学平衡而彼此关联。在海水的 pH 大约是 8.0 时,碳酸氢根离子占主导;在 pH 较低的时候,碳酸和二氧化碳变得更重要;而在 pH 更高的情况下,碳酸根离子会处于突出的地位。

5. 尽管这个同位素峰是由德国美因茨的马克斯·普朗克化学研究所曼弗雷德·谢特洛夫斯基(Manfred Schidlowski)于 20 世纪 70 年代首次描述的。

6. 这个实验借鉴迈克尔·阿拉贝(Michael Allaby)的《天气如何运作》(*How the Weather Works*)(多林·金德斯利(Dorling Kindersley)出版社,伦敦,1995)。在一个干净的玻璃杯里倒满带颜色的热水(但不是沸水),并盖上铝箔。把有盖的玻璃杯放入一个盛有无色冷水的、干净的大瓶子或玻璃缸里,再小心地取下或捅破铝箔盖子,看发生了什么。把所见现象与当杯子或玻璃缸里盛有同样温度或温差很小的水时发生的情况进行比较。

7. 微行星(星子)是在太阳系早期发展阶段形成的固态小型天

体。通过剧烈碰撞,这些星子形成更大的天体,最终在太阳系区域形成了地球。

8. 根据氢气(H_2)的需求量绘制,氢气的消耗速率是氧气(O_2)生成速率的两倍:$2H_2 + O_2 \longrightarrow 2H_2O$。

9. 迪克的计算在根本上是基于有机碳和无机碳的同位素记录,以及这些记录所表示的有机碳在不同时期的埋藏速率。为了作出这些估计,还需要知道地球表面的碳的储量如何随着时间的变化而变化。这些想法来自约翰·海耶斯(John Hayes)和杰克·瓦尔德鲍尔(Jake Waldbauer)的工作,他们发表了一篇杰出的论文,讨论碳循环在不同时期的演化(Hayes J. M., Waldbauer J. R., 2006. The carbon cycle and associated redox processes through time. *Philosophical Transactions of the Royal Society B* 361,931 - 950)。其想法是,当地球年轻的时候,地球表面碳含量较少,而碳储量只能随着二氧化碳从地幔释放而增加。海耶斯和瓦尔德鲍尔对碳储量在不同时期的增长速率以及有机碳埋藏通量作了估计,迪克在他的模型中使用了这些结果。

第九章　地球的中世纪:大氧化事件之后发生了什么

1. 现存于页岩表层的东西曾深藏在岩石内部深处。当上层岩石受到侵蚀和风化后,我们现在看到的表层就暴露无遗。但是,在逐渐暴露的过程中,这部分页岩在处于岩石内部时也经历了风化和暴露于氧气的过程。因此,现存于岩石表层的物质也经历了岩石内部正在经历的风化的所有中间过程。

2. 这是由约翰·海耶斯和杰克·瓦尔德鲍(Jake Waldbauer)建立的模型,第八章的注解9中曾有讨论。

3. 这是一个过于简化的过程。第七章曾讨论过大氧化事件前的"一丝丝"氧气,在此期间,黄铁矿和其他对氧气敏感的物质发生了某种氧化反应。然而,这种氧化反应究竟进行到何种程度还不确定。

4. 这一反应的化学方程式是:$14H_2O + 4FeS_2 + 15O_2 \longrightarrow 4Fe(OH)_3 + 8SO_4^{2-} + 16H^+$。

5. 事实上,这是一个循环论证。动物在前寒武纪晚期的进化有时被看作是前寒武纪晚期氧气含量升高的证据,而有时动物的进化又归因于前寒武纪氧气含量的升高。这两种说法不能同时成立,而且没有独立的证据可证明前寒武纪晚期氧气含量上升。

6. 这与硫酸盐还原菌如何将硫酸盐输送至细胞内,以及在细胞内进行分馏的生化途径有关。因此,细胞内硫同位素分馏至少要经过两个步骤才能发生,这两个步骤都涉及 S—O 键的断裂。第一步,硫酸根离子(SO_4^{2-})被还原为亚硫酸根离子(SO_3^{2-})(通过 APS 还原酶);第二步,亚硫酸盐被还原为硫化物(通过亚硫酸盐还原酶)。然而,只有当细胞内外的硫酸盐进行交换时,这两个步骤导致的硫同位素分馏才能够进行;否则,所有进入细胞的硫酸盐都会被还原为硫化物,尽管硫同位素分馏过程属于细胞内酶驱动型分馏,仍然无法观察到分馏的进行。当硫酸盐浓度降低时,硫酸盐会被限制在细胞内,更难与外界环境交换。所以,低硫酸盐浓度会导致硫同位素分馏减少。

7. 罗伯是我研究生经历中不可或缺的一部分。在我攻读博士学位的时候,他每年夏天都来拜访我,我们成为了好朋友和同事。我们分享了许多欢笑、啤酒,还有许多关于现代和古代海洋沉积物的地球化学的讨论。我们的合作至今仍在继续。

8. 上升流指的是水从海洋的深水区到浅水区的物理传输过程,通常由风驱动。例如,风可以将表层海水从海岸推开。然后,深层海水将会取代被推开的表层海水。如今,这种现象在海洋的许多区域都在发生,但是这种现象在沿北美和南美的西海岸特别明显。

9. 迪克·霍兰德曾计算过,要使 Fe^{2+} 从南非输送过来,并沉积于年龄在 25 亿年左右的条带状含铁建造浓度,当时的氧浓度需要低到现今氧浓度的千分之一以下。这些条带状含铁建造也有在浅水区形成的。

10. 这一证据是由我的同事哥本哈根大学的罗伯特·弗雷(Robert Frei)提供的。简而言之,铬(Cr)同位素是陆地上的铬矿石发生氧化风化时被分馏出来的。这种氧化风化需要氧气,而锰(Mn)氧化物可作为直接的氧化剂,因为锰氧化物的形成需要氧气。一旦铬矿石进入海洋,在含大量铁的岩石中就能够捕捉到铬的同位素信号,如在条带状含铁建造中。有记载显示了大约 26 亿年前之后的一些铬同位素分馏的过程,也为大氧化事件前存在"一丝丝"氧气提供了更多证据。然而,目前还没有证据表明,在 18.8 亿年前的古老冈弗林特含铁建造中存在铬同位素分馏,以证明当时的氧浓度很低,本章后面将予以讨论。

11. 事实上,宾夕法尼亚州立大学的坎普赫最近提出了支持这一观点的证据。他证明,经过拉马甘迪漂移后,无机碳和有机碳的同位素组成中^{13}C 含量都严重降低,难以用正常的碳循环运行给予解释。这是由于陆地上积聚的有机物质氧化所产生的^{13}C 含量较低的碳大量输入的结果(Kump, L. R., Junium C., Arthus, M. A., Brasier, A., Fallick, A., Melezhik, V., Lepland, A., Crne, A. E., Luo, G. M., 2011. Isotopic evidence for massive oxidation of organic matter following the Great Oxidation Event. *Science* 334,1694 – 1696.)。

12. 但不只是这样。我所见过的一些最黑的页岩来自新元古代,其中大部分含有极微量的黄铁矿,很可能是在富铁水层环境下沉积的。

13. 事实上,我们重点在于研究铁(Fe)如何在样品中分散存在,并据此确定沉积样品所处的化学环境。如果样品中含有过量的铁,超过来自富氧水层正常沉积物中的铁含量,这就意味着覆盖这些沉积物的水层是不含氧气的,这样才能够将水中溶解的 Fe^{2+} 最终输送至沉积物。如果大部分富含铁的矿石是黄铁矿,这就意味着上覆水中含有硫化物。如果富含铁的矿石只有少量是黄铁矿,那么硫化物的浓度就会很低,而上覆水中含有 Fe^{2+} 。由于黄铁矿的溶解度很低,因此上覆水中不可能同时含有高浓度的硫化物和 Fe^{2+} 。

14. 哎呀,又是同位素体系!正如第七章所讨论的,钼(Mo)是在陆地氧化风化过程中被释放出来的,然后经河流进入海洋。在海洋里,钼主要有两条去除途径。一是被吸附到铁和锰的氧化物上,即好氧去除途径,会导致钼被大量分馏;第二条去除途径是钼进入亚硫酸盐环境中,这条途径几乎没有钼发生分馏。因此,亚硫酸盐环境中的沉积物提供了一种对古代海水中钼的同位素组成的估量方法,而同位素组成提供了衡量含氧和含硫两条去除途径之间的平衡的方法。因此,盖尔·阿诺德及其同事提供了澳大利亚北部距今约 16 亿年的古老沉积物里存在钼同位素证据,证明沉积物中存在着一种较强的含硫去除途径,这些沉积物本身存在于含硫环境中。

15. Fe^{2+} 可能有两种来源:一是来自深海喷口的热液输入;二是来自河流,其中大部分的铁以氧化物的形式覆于河水里的微粒表面,与之结合在一起。在缺氧条件下,这些不可移动的铁氧化物可以被还原成可溶性亚铁离子。

第十章　新元古代的氧气和动物的崛起

1. 1628 年 8 月 19 日写给国王查理一世的信。手稿,CO 1/5 (27),75,MHA16—B—2—011,经 P. E. 蒲柏(Pope)抄录,并对拼写和标点符号作了现代化改编。文件来自英国伦敦殖民地办公室政府档案局,1999 年。有关费里兰的文件:1597－1726。阿瓦隆历史殖民地和阿瓦隆基金会殖民地,费里兰,纽芬兰与拉布拉多省。纽芬兰与拉布拉多省文化遗产网站项目,纽芬兰纪念大学,圣约翰市,纽芬兰与拉布拉多省,加拿大。

2. 动物的上皮细胞排列于动物表面和腔体,起到保护性覆盖作用,促进交换,并允许生物体感知环境。

3. 埃迪卡拉动物群虽然在化石记录中很容易见到,也很容易辨识,但可能并不是动物化石的最早证据。加州大学河滨分校的戈登·勒夫在距今约 6.35 亿年的岩石中发现了与海绵有关的生物标志物(Love, G. D., et al., 2009. Fossil steroids record the appearance of Demospongiae during the Cryogenian period. *Nature* 457, 718 – 721.),普林斯顿大学的亚当·马洛夫(Adam Maloof)从稍早一些的岩石中发现了一些可能的海绵体化石(Maloof, A. C., et., 2010. Possible animal-body fossils in pre-Marinoan limestones from South Australia. *Nature Geoscience* 3, 653 – 659.)。

4. 噶斯奇厄斯冰期可能是最后一个,也可能是最短的冰期,出现于新元古代后半期。其中一些冰川是如此巨大,以至于冰层几乎将地球完全覆盖,形成所谓的"雪球地球"。雪球地球假说是乔·克什维克梦想的产物,我们在第八章中提到了乔。在书末的第八章注解 3 里对雪球地球假说有更充分的讨论,并在 1998 年因保罗·霍夫曼和他的同事们的著名论文而出名(Hoffman, P. F., Kaufman, A. J., Halverson, G. P., Schrag, D. P., 1998. A Neoproterozoic Snowball Earth. *Science* 281, 1342 – 1346.)。这些冰期及其对生命和全球化学的潜在影响在文献中得到了积极的讨论,但迄今为止还没有达成共识。此处,我选择不去关注这些冰期,但在安迪·诺尔的著作《年轻星球上的生命》(*Life on a Young Planet*)(普林斯顿大学出版社,普林斯顿,2003)里有很好的介绍。

5. 我们获得一些许可收集化石,并且不是在著名的化石床收集化石！

6. 在地质学里，"深海"通常是指波基面以下或 100 米以下水深的海域。事实上，没有那么深。就阿瓦隆岩石而言，有独立的证据表明，我们可能看到了更深的地方：几百米甚至一千米以下的深度。除非我们把一块深海海底安放在陆地上，否则我们永远看不到真正的深海。

7. 其他参与这项工作的人员包括安迪·诺尔、盖伊·纳波尼（Guy Narbonne）、格里·罗斯（Gerry Ross）、塔蒂阿娜·古德伯格（Tatiana Goldberg）和哈拉尔德·施特劳斯（Harald Strauss）。

8. 第一个证据不一定是最先出现的证据，两者不可混淆。可能有更早的深海氧化的情况，只是我们不了解。

9. 在现代世界，完全空气饱和的水中的氧气含量取决于水的温度和盐度。海洋底部的水来自两极地区，那里水的空气饱和浓度是每升 325 微摩尔。湖水、河水和家里水龙头流出的水的空气饱和浓度可能与这个数值相差不远。

10. 在早先的一篇文章中，安德里亚斯·特斯克（Andreas Teske）（现在北卡罗来纳州立大学）和我提出了一种类似的估算最低氧气含量的方法。这种方法基于处于海洋表层的沉积物发生氧化反应所需的氧气量推算而得，因为我们证明了沉积物中存在活跃的硫循环，而这个过程需要氧气。

11. 如果你把一张纸撕成两半，纸边周长就会增加。再把每一块纸都撕成两半，则纸的周长就进一步增加。

12. 鲁研究了石灰岩中 ^{87}Sr（锶）/^{86}Sr 的比率。如果不受后期过程的影响，沉积于石灰岩里的海水中锶的同位素组成表示了来自陆地的锶和来自热液喷口的锶之间的平衡，但前者的 $^{87}Sr/^{86}Sr$ 比率高，后者的 $^{87}Sr/^{86}Sr$ 比率低。大约在 6 亿年前，石灰岩的比例急剧增加，表明陆地的风化产物更多地进入了海洋中，因此，与有机物相关的沉积物埋藏速率较高。但鲁没有建立一个氧气模型,我的一个担忧是高耗氧速率与陆地风化速率高相关,这会与高氧气释放速率相平衡,而后者是与有机碳埋藏速率高相关的。这一观点是由鲍勃·伯纳提出的,在第十一章中将有更详细的探讨。

13. 并不是所有人都赞同这一点,包括来自阿德莱德大学的马丁·肯尼迪(Martin Kennedy)和鲁·戴里。他们认为,这种异常现象是一种成岩作用,是由长期的原始沉积之后,液体渗透入石灰岩引起,从而改变了最初的同位素组成。我们不能排除成岩作用对石灰岩的影响,尤其是石灰岩的^{18}O成分。然而,在世界各地的许多地方都能观测到^{13}C信号,并且可延伸到数百公里之外的个别地方。我想不出哪一种可以说得通的成岩机制,能产生如此大范围而且到处出现的^{13}C特征,所以我倾向于把它解释为这些代表原始的海水成分。

14. 我们认为,大量甲烷的释放和氧化是一个更好的思路。甲烷以天然气水合物形态存在于沉积物中。现今,在海洋沉积物中也有发现天然气水合物,其^{13}C贫化程度比在海洋中发现的溶解有机碳(DOC)要高。

15. 对于形成 Shuram-Wonoka 异常,相对于溶解有机碳的氧化,甲烷氧化造成的氧气含量下降少一些。这是因为甲烷比海洋溶解有机碳消耗更多^{13}C。事实上,克里斯蒂安·比耶鲁姆和我已经用甲烷氧化模拟了这种异常现象,同时为早期动物的呼吸保留了足够的氧气。

16. 很明显,原始动物最早的进化发生时间要比这早得多,而且很可能不会受运动的生物对氧气的需求量大的影响。事实上,我们团队的初步研究表明,现今氧气含量的 2‰ 可能足以满足海绵的呼吸需要,而海绵是生命树中处于最基本的现代动物。

第十一章　显生宙的氧气

1. 实际上是有窗户的,但它们是小小的狭缝,更多的是为了设计效果,而不是让人感受光亮以及建筑物之外的生活。

2. 我们也看到了弗拉基米尔·维尔纳斯基、普雷斯顿·克劳德和迪克·霍兰德的这种能力,这些都早已在正文中提到过。

3. 我将不详细讨论这个问题,但风化速率应该直接取决于陆地的风化面积。风化速率还应该取决于水循环活动和温度,温度越高,风化速率越快。在这种情况下,降雨越多,也会导致风化更快。陆地耸起越高,即山峰相对于山谷越高,其风化作用越强,尤其是物理风化和侵蚀作用。此外,植物及其根系会破坏岩石和土壤,它们也会提高土壤里的二氧化碳含量,这些影响因素结合起来会增加风化速率。

4. 罗诺夫对西方地质学界是一个巨大的鼓舞,即使在苏联时期,西方和苏联科学家之间的接触也很困难。

5. 它们的含硫量低,因为陆地水域(如湖泊和河流)的硫酸盐浓度很低。较低的硫酸盐浓度限制了硫酸盐还原的量,因此硫化物的量受到限制。而硫化物既可与铁发生反应生成黄铁矿,也可与有机物质反应生成有机硫化合物。

6. 单个沉积物类型的沉积速率的计算方法是这种岩石类型占总沉积物的比例乘以总沉积物沉积速率。例如,如果在某特定时间内沉积的煤占总沉积物的10%,那么乘数就是0.1。

7. 这是因为有机碳和黄铁矿的风化作用,以及它们随后再次埋藏在海洋沉积物中,都与沉积物沉积的总速率相耦合。这些过程相耦合是因为陆地上的风化作用会产生沉积在海洋中的沉积物。而且,有机碳和黄铁矿的埋藏速率与沉积速率呈线性相关。因此,由于氧气的释放和消耗都是由沉积物的总沉积速率决定的,这种速率的变化对大气中氧气的净积累或消耗几乎没有影响。参见第十章的注解 12。

8. 从沉积物丰度数据计算所得的硫埋藏速率,与从硫同位素计算所得的硫埋藏速率之间也有相似之处。

9. 洛夫洛克在 20 世纪 70 年代提出了盖亚假说(Lovelock, J. E., Margulis, L., 1974. Atmospheric homeostasis by and for the biosphere: The Gaia hypothesis. *Tellus* Series A 26,2 - 10;and Lovelock, J. E., 1979. *Gaia*: *A New Look at Life on Earth*, Oxford University Press, Oxford),并以其最初的形式设想了一个"全球生物圈",生物和谐共存,创造出一个最适合生命的化学环境。所以,是生命控制着环境。随着时间的推移,地球表面的化学物质发生了变化这一思想变得清晰,最优状态不变的思想变得松动,但是生命对化学环境的形成甚至控制作出了重大贡献的想法却一直存在。事实上,正如第六章所讨论的那样,盖亚假说与弗拉基米尔·维尔纳斯基的早期著作有很多共同之处。很少有地球生物学家会反驳生命在影响化学环境方面的重要性。生命在积极调节这一化学过程中所起的作用是一个前沿研究课题,也是一个热烈讨论的话题。

10. 其中一种途径就是光呼吸。试回想一下第三章,二磷酸核酮糖羧化酶负责卡尔文循环中的碳固定,还具有加氧酶活性(消耗氧气并最终释放二氧化碳),加氧酶活性与羧化酶功能竞争(固定二氧化碳以形成有机碳)。这就意味着在氧气含量较高时,加氧酶活性功能更重要,固碳效能降低。你可以把这看作是生物级的对氧气增加的生物负反馈,尽管大多数证据表明,加氧酶活性是一种进化的怪异现象,而不是确定性的维持氧气稳定的生物创新。但是,不管怎样,鲍勃都认为加氧酶活性是一种重要的氧气调节器,是他的氧气模型里的一种重要的反馈机制。

11. 如果你还记得第一章,在考虑早期地球的温度调节时,太阳光度是一个十分重要的因素。在显生宙,太阳光度已不那么重要,但仍然有一定的重要性。

12. 这些同位素曲线可以被复原,因为 COPSE 模型可以计算出古代的碳循环和硫循环,包括有机碳和黄铁矿在沉积物中的埋藏速率。因此,可以预测古代碳循环和硫循环的所有元素的同位素组成。

13. 也许还有另一种方式来看待这个问题。正如第五章所介绍的,野火发生与氧气大有关系。植物材料的燃烧实验和研究模型都表明,氧气含量在 16% 以下时,植物不会燃烧;而氧气含量在 22% 以上时,植物剧烈燃烧(目前的大气中氧气含量是 21%)(Belcher, C. M., Yearsley, J. M., Hadden, R. M., McElwain, J. C., Rein, G., 2010. Baseline intrinsic flammability of Earth's ecosystems estimated from paleoatmospheric oxygen over the past 350 million years. *PNAS* 107, 22448 - 22453)。木炭是在植物燃烧时形成的,而木炭残骸的地质记录表明,早在 4.18 亿年前的志留纪晚期已有火灾发生(Scott, A. C., Glasspool, I. J., 2006. The diversification of Paleozoic fire systems and fluctuations in atmospheric oxygen concentration. *PNAS* 103, 10861 - 10865)。在这一时期,氧气含量高达 16%,与钼同位素的证据相一致,并与 GEOCARBSULF 模型相一致。COPSE 模型预测氧气含量上升到该水平要稍晚些,但它可以与木炭的结果相一致,并对陆生植物生态系统的发展时间作出不同的假设。

参考文献

前　　言

Gradstein，F.，Ogg，J.，Smith，A.，2004. *A Geologic Time Scale*. Cambridge University Press，Cambridge，UK.

Hutton，J.，1788. *Theory of the Earth*. Royal Society of Edinburgh，Edinburgh.（经典著作,许多人认为此书标志着现代地质学的开始。）

第一章

Baross，J. A.，Benner，S . A.，Cody，G. D.，Copley，S . D.，Pace，N. R.，Scott，J. H.，Shapiro，R.，Sogin，M. L.，Stein，J. L.，Summons，R. E.，Szostak，J. W.，2007. The Limits of Organic Life in Planetary Systems. National Academy of Sciences，Washington，DC.（美国国家科学院关于生命极限的报告,见第六章有关水的重要性,以及对生命所需的其他可能溶剂的推测。）

Canfield，D. E.，Kristensen，E.，Thamdrup，B.，2005. *Aquatic Geomicrobiology*. Academic Press，Amsterdam.（见第三章对氧化还原反应和生命的讨论。）

Harland，D. M.，2005. *Water and the Search for Life on Mars*. Springer，Berlin.（一部畅销书,概要介绍了火星上存在水的证据,包括来自"火星探测漫游者（MER）"计划的一些早期结果。）

187

Kasting，J. F.，1993. Habitable zones around main sequence stars. *ICARUS* 101,108－128.（关于宜居带的精彩讨论,包括一种精彩的历史观点。）

Kasting，J. F.，2010. *How to Find a Habitable Planet.* Princeton University Press,Princeton，NJ.（关于地球大气和气候演变的解释,探索太阳系中其他的宜居世界,有趣且有可读性。）

Knoll，A. H.，2003. *Life on a Young Planet. The First Three Billion Years of Evolution on Earth.* Princeton University Press，Princeton，NJ，and Oxford，UK.（地球生命最初 30 亿年的奇妙旅程。）

Mustard，J. F.，Murchie，S. L.，Pelkey，S. M.，Ehlmann，B. L.，Milliken，R. E.，et al.，2008. Hydrated silicate minerals on mars observed by the Mars reconnaissance orbiter CRISM instrument. *Nature* 454，305－309.（含水硅酸盐矿物的光谱学证据表明含水液体中的风化作用。）

Rosing，M. T.，Bird，D. K.，Sleep，N. H.，Bjerrum，C. J.，2010.No climate paradox under the faint early Sun. *Nature* 464，744－747.（罗辛及其同事认为,由于早期地球的反照率较低,事实上不存在黯淡太阳悖论。）

Sagan，C.，Mullen，G.，1972. Earth and Mars：Evolution of atmospheres and surface temperatures. *Science* 177，52－56.（萨根和马伦提出黯淡太阳悖论。）

Squyres，S. W.，Arvidson，R. E.，Bell，J. F.，Calef，F.，Clark，B. C.，et al.，2012. Ancient impact and aqueous processes at Endeavour Crater，Mars. *Science* 336,570－576.（来自"火星探测漫游者"计划的近期证据。）

Walker，J. C. G.，Hays，P. B.，Kasting，J. F.，1981. A

negative feedback mechanism for the long-term stabilization of Earth's surface temperature. *Journal of Geophysical Research-Oceans and Atmospheres* 86，9776－9782.（通过碳循环引入负反馈来解决黯淡太阳悖论。）

第二章

Baas Becking，L. G. M.，1925. Studies on the sulphur bacteria. *Annals of Botany* 39，613－650.（"硫化"概念的首次提出。）

Baas Becking，L. G. M.，1934. *Geobiologie：of Inleiding tot de Milieukunde*. W. P. Van Stockum & Zoon N. V.，Den Haag，The Netherlands.（将"地球生物学"定义为一个领域的经典著作。）

Brock，T. D.，1994. *Life at High Temperatures*. Yellowstone Association for Natural Science，History & Education，Yellowstone National Park，WY.（关于热泉，重点是黄石国家公园热泉中的生命的普及性介绍，由这一领域的领军人物托马斯·布洛克撰写。）

Canfield，D. E.，Rosing，M. T.，Bjerrum，C.，2006. Early anaerobic metabolisms. *Philosophical Transactions of the Royal Society B* 361，1819－1834.（在有氧光合作用之前限制生物圈活动水平的尝试。）

Crowe，S. A.，Jones，C.，Katsev，S.，Magen，C.，O'Neill，A. H.，Sturm，A.，Canfield，D. E.，et al.，2008. Photoferrotrophs thrive in an Archean Ocean analogue. *Proceedings of the National Academy of Sciences of the United States of America* 105，15938－15943.（一种潜在的古代海洋的类似结构，含有富铁的水，很可能支持铁氧化不产氧光合生物。）

David，L. A.，Alm，E. J.，2011. Rapid evolutionary innovation during an Archaean genetic expansion. *Nature* 469，93 – 96.（代谢路径演化的极佳观察。）

Kharecha，P.，Kasting，J.，Siefert，J.，2005. A coupled atmosphere-ecosystem model of the early Archean Earth. *Geobiology* 3，53 – 76.（巧妙地利用大气海洋模型探索早期地球生物圈的活动。）

Shen，Y.，Buick，R.，Canfield，D. E.，2001. Isotopic evidence for microbial sulphate reduction in the early Archean era. *Nature* 410，77 – 81.（关于微生物硫酸盐还原作用的最早证据。）

Shen，Y. N.，Farquhar，J.，Masterson，A.，Kaufman，A. J.，Buick，R.，2009. Evaluating the role of microbial sulfate reduction in the early Archean using quadruple isotope systematics. *Earth and Planetary Science Letters* 279，383 – 391.（关于微生物硫酸盐还原作用早期演化的进一步证据。）

Ueno，Y.，Yamada，K.，Yoshida，N.，Maruyama，S.，Isozaki，Y.，2006. Evidence from fluid inclusions for microbial methanogenesis in the early Archaean era. *Nature* 440，516 – 519.（产甲烷作用早期演化的证据。）

Widdel，F.，Schnell，S.，Heising，S.，Ehrenreich，A.，Assmus，B.，Schink，B.，1993. Ferrous iron oxidation by anoxygenic phototrophic bacteria. *Nature* 362，834 – 835.（Fe^{2+} 的不产氧光合氧化作用的首次描述。）

第三章

Allen，J. F.，2005. A redox switch for the origin of two light reactions in photosynthesis. *FEBS Letters* 579，963 – 968.（艾伦在

这篇文章中提出了关于产氧光合作用中偶联反应中心起源的假设。)

Allen，J. F.，Martin，W.，2007. Out of thin air. *Nature* 445，610 - 612.（关于产氧光合作用演化的精彩概述，并对锰簇的发展进行了有趣的梳理。)

Badger，M. R.，Bek，E. J.，2008. Multiple Rubisco forms inproteobacteria：Their functional significance in relation to CO_2 acquisition by the CBB cycle. *Journal of Experimental Botany* 59，1525 - 1541.（关于二磷酸核酮糖羧化酶（Rubisco）的多种形式及其催化能力的极佳综述。)

Blankenship，R. E.，1992. Origin and early evolution of photosynthesis. *Photosynthesis Research* 33，91 - 111.（描述非氧光合生物的反应中心中光系统Ⅰ（PSⅠ）和光系统Ⅱ（PSⅡ）演化的原始文献。)

Blankenship，R. E.，2010. Early evolution of photosynthesis. *Plant Physiology* 154，434 - 438.（光合作用演化的精彩综述。)

Blankenship，R. E.，Hartman，H.，1998. The origin and evolution of oxygenic photosynthesis. *Trends in Biochemical Sciences* 23，94 - 97.（描述产氧光合作用演化和催化酶的放氧复合物。)

Canfield，D. E.，Kristensen，E.，Thamdrup，B.，2005. *Aquatic Geomicrobiology*. Academic Press，Amsterdam.（见第四章关于光合作用的综述。)

Falkowski，P. G.，Raven，J. A.，2007. *Aquatic Photosynthesis*. Princeton Unversity Press，Princeton，NJ.（本书论述水生光合作用的各个方面。)

Hohmann-Marriott，M. F.， Blankenship，R. E.， 2011. Evolution of photosynthesis，*Annual Review of Plant Biology* 62，515－548.（光合作用演化近期研究进展的综述。）

Raymond，J.，Blankenship，R. E.，2008. The origin of the oxygen-evolving complex. *Coordination Chemical Reviews* 252， 377－383.（关于放氧复合物与锰催化作用之间相似性的结构性研究。）

Sadekar，S.，Raymond，J.，Blankenship，R. E.，2006. Conservation of distantly related membrane proteins：Photosynthetic reaction centers share a common structural core. *Molecular Biology and Evolution* 23，2001－2007.（比较光合作用反应中心所有结构的研究。）

Tabita，F. R.，Hanson，T. E.，Li，H. Y.，Satagopan，S.， Singh，J.，Chan，S.，2007. Function，structure，and evolution of the Rubisco-like proteins and their Rubisco homologs. *Microbiology and Molecular Biology Reviews* 71，576－599.（二磷酸核酮糖羧化酶和二磷酸核酮糖羧化酶样蛋白的精彩综述。）

Xiong，J.，Fischer，W. M.，Inoue，K.，Nakahara，M.， Bauer，C. E.，2000. Molecular evidence for the early evolution of photosynthesis. *Science* 289,1724－1730.（关于光合色素形成路径演化的分子研究。）

第四章

Berman-Frank,I.，Lundgren，P.，Chen，Y. -B.，Küpper，H.， Kolber，Z.，Bergman,B.，Falkowski，P.，2001. Segregation of nitrogen fixation and oxygenic photosynthesis in the marine cyanobacterium trichodesmium. *Nature* 294，1534－1537.（对最重

要的海洋固氮剂固氮调节的精彩研究。)

Budel，B.，Weber，B.，Kuhl，M.，Pfanz，H.，Sultemeyer，D.，Wessels，D.，2004. Reshaping of sandstone surfaces by cryptoendolithic cyanobacteria: Bioalkalization causes chemical weathering in arid landscapes. *Geobiology* 2, 261 - 268.（关于岩石内蓝细菌的详细综述，包括它们生活的地方及其对岩石的影响。）

Canfield，D. E.，Des Marais，D. J.，1991. Aerobic sulfate reduction in microbial mats. *Science* 251, 1471 - 1473.（关于微生物席中好氧条件下硫酸盐还原作用的说明和微生物席结构的说明。）

Canfield，D. E.，Des Marais，D. J.，1993. Biogeochemical cycles of carbon, sulfur, and free oxygen in a microbial mat. *Geochimica et Cosmochimica Acta* 57,3971 - 3984.（关于微生物席生态系统中碳循环和硫循环的描述。）

Canfield，D. E.，Kristensen，E.，Thamdrup，B.，2005. *Aquatic Geomicrobiology*. Academic Press. Amsterdam.（见第七章关于氮循环的综述和第十三章关于蓝细菌微生物席的综述。）

Chisholm，S. W.，Olson，R. J.，Zettler，E. R.，Goericke，R.，Waterbury，J. B.，Welschmeyer，N. A.，1988. A novel free-living prochlorophyte abundant in the oceanic euphotic zone. *Nature* 334, 340 - 343.（海洋中原绿球藻的首次描述。）

Curtis，S. E.，Clegg，M. T.，1984. Molecular evolution of chloroplast DNS-sequences. *Molecular Biology and Evolution* 1, 291 - 301.（叶绿体与蓝细菌相关联的早期分子证据。）

Des Marais，D. J.，1990. Microbial mats and the early evolution of life. *Tree* 5,140 - 144.（关于微生物席及其与早期地球环境研究的相关性的优秀早期综述。）

Garcia-Pichel, F., Belnap, J., Neuer, S., Schanz, F., 2003. Estimates of global cyanobacterial biomass and its distribution. *Algological Studies* 109, 213 – 227.(对蓝细菌在各种生态系统和全球范围内的意义进行定量综述。)

Johnson, P. W., Sieburth, J. M., 1979. Chroococcoid cyanobacteria in the sea: Ubiquitous and diverse phototropic biomass. *Limnology and Oceanography* 24, 928 – 935.(对海洋蓝藻的首次描述,结果证明是原绿球藻。)

Johnson, Z. I., Zinser, E. R., Coe, A., McNulty, N. P., Woodward, E. M. S., Chisholm, S. W., 2006. Niche partitioning among *Prochlorococcus* ecotypes along ocean-scale environmental gradients. *Science* 311, 1737 – 1740.(海洋不同深度中各种原绿球藻分布的精彩描述,可作为纬度的参考。)

Jørgensen, B. B., Des Marais, D. J., 1988. Optical properties of benthic photosynthetic communities: Fiber-optic studies of cyanobacterial mats. *Limnology and Oceanography* 33, 99 – 113.(微生物席光学特性的早期研究,随着特殊光纤微传感器的发展,该研究内容成为可能。)

Kettler, G. C., Martiny, A. C., Huang, K., Zucker, J., Coleman, M. L., Rodrigue, S., Chen, F., et al., 2007. Patterns and implications of gene gain and loss in the evolution of Prochlorococcus. *PLOS Genetics* 3, 2515 – 2528.(原绿球藻基因组可塑性的精彩描述。)

Khakhina, L. N., 1992. *Concepts of Symbiogenesis: Historical and Critical Study of the Research of Russian Scientists*. Yale University Press, New Haven, CT.(总结康斯坦丁·谢尔盖耶维奇·梅列日科夫斯基和其他俄罗斯科学家对真核

细胞发育的内共生假说发展的贡献。)

Liu，H.，Nolla，H. A.，Campbell，L.，1997. *Prochlorococcus* growth rate and contribution to primary production in the equatorial and subtropical North Pacific Ocean. *Aquatic Microbial Ecology* 12，39 - 47.（估计原绿球藻对海洋初级生产力的贡献。)

Revsbech，N. P.，1989. An Oxygen Microsensor with a guard cathode. *Limnology and Oceanography* 34，474 - 478.（介绍生态研究中应用最广泛的氧微电极。)

Revsbech，N. P.，Jørgensen，B. B.，Blackburn，T. H.，Cohen，Y.，1983. Microelectrode studies of the photosynthesis and O_2，H_2S，and pH profiles of a microbial mat. *Limnology and Oceanography* 28，1062 - 1074.（一项富有成果的研究：利用新开发的微电极研究微生物席中的氧和硫动力学。)

Sagan，L.，1967. On the origin of mitosing cells. *Journal of Theoretical Biology* 14，225 - 274.（由林恩·马古利斯（与卡尔·萨根结婚后更名为林恩·萨根）首次提出关于叶绿体和线粒体起源的内共生假说。)

Severin，I.，Stal，L. J.，2010.Spatial and temporal variability in nitrogenase activity and diazotrophic community composition in coastal microbial mats. *Marine Ecology-Progress Series* 417，13 - 25.（研究表明底栖固氮群落采用了多种不同的策略。)

Sohm，J. A.，Webb，E. A.，Capone，D. G.，2011. Emerging patterns of marine nitrogen fixation. *Nature Reviews Microbiology* 9，499 - 508.（关于海洋固氮的详细综述。)

Waterbury，J. B.，Watson，S. W.，Guillard，R. R. L.，Brand，L. E.，1979. Widespread occurrence of a unicellular，marine，planktonic，cyanobacterium. *Nature* 277，293 - 294.（首次提及海

洋中的聚球藻。)

Zobell，C. E.，1946. *Marine Microbiology*. Chronica Botanica Company，Waltham，MA.（关于海洋微生物学的经典著作。）

第五章

Berner，R. A.，1987. Models for carbon and sulfur cycles and atmospheric oxygen：Application to Paleozoic geologic history. *American Journal of Science* 287，177 - 196.（鲍勃的第一篇关于氧气调节的论文，介绍了"快速再循环"的概念。）

Berner，R. A.，2004. *The Phanerozoic Carbon Cycle*：CO_2 and O_2. Oxford University Press，Oxford，UK.（大气中二氧化碳和氧气长期模拟的综合处理，本文在很大程度上是基于鲍勃·伯纳的工作而写成的。）

Berner，R. A.，Maasch，K. A.，1996. Chemical weathering and controls on atmospheric O_2 and CO_2：Fundamental principles were enunciated by J. J. Ebelman in 1845. *Geochimica et Cosmochimica Acta* 60，1633 - 1637.（埃伯曼阐明大气氧浓度控制作用的历史记录。）

Canfield，D. E.，2005. The early history of atmospheric oxygen：Homage to Robert M. Garrels. *Annual Review of Earth and Planetary Science* 33，1 - 36.（大气中氧气历史的调查，以鲍勃·加莱尔斯的工作为切入点。）

Ebelman，J. J.，1845. Sur les produits de la décomposition des especes minérales de la famille des silicates. *Annales des Mines* 7，3 - 66.（关于大气氧浓度控制的首次说明。）

Fennel，K.，Follows，M.，Falkowski，P. G.，2005. The coevolution of the nitrogen，carbon and oxygen cycles in the

Proterozoic ocean. *American Journal of Science* 305，526 - 545.（在地球历史时期,当深海大部分处于缺氧状态时,氮在控制海洋初级生产力中的作用的模型研究。）

Garrels，R. M.，Perry，E. A.，1974. Cycling of carbon，sulfur，and oxygen through geologic time，in：Goldberg，E. D.（ed.）. *The Sea*. John Wiley and Sons，New York，pp. 303 - 336.（对元素循环和氧浓度控制过程的经典现代解释。）

Holland，H. D.，1978. *The Chemistry of the Atmosphere and Oceans*. John Wiley and Sons，New York.（关于大气化学和海洋化学控制过程的经典文章。）

Ingall，E.，Jahnke，R.，1994. Evidence for enhanced phosphorus regeneration from marine sediments overlain by oxygen depleted waters. *Geochimica et Cosmochimica Acta* 58，2571 - 2575.（本文提出支持英格尔的原创观点的证据,即磷优先从含氧水层下的沉积物中再生。）

Kump，L. R.，1988. Terrestial feedback in atmospheric oxygen regulation by fire and phosphorus. *Nature* 335，152 - 154.（火灾在调节大气氧气含量方面的作用受到重视。）

Murray，J. W.，Codispoti，L. A.，Friederich，G. E.，1995. Oxidation-reduction environments：The suboxic zone in the Black Sea. *Advances in Chemistry Series* 244,157 - 176.（关于黑海水层化学性质的优秀综述。）

Petsch，S. T.，Berner，R. A.，Eglinton，T. I.，2000. A field study of the chemical weathering of ancient sedimentary organic matter. *Organic Geochemistry* 31，475 - 487.（土壤形成过程中有机碳和硫的氧化风化作用的野外研究。）

Richards，F. A.，1965. Anoxic basins and fjords，in：Riley，

J. P. , Skirrow, G. （eds.）, *Chemical Oceanography*. Academic Press, London, pp. 611 - 645. （缺氧盆地和峡湾的化学性质的经典阐述。）

Van Cappellen, P. , Ingall, E. D. , 1996. Redox stabilization of the atmosphere and oceans by phosphorus-limited marine productivity. *Science* 271, 493 - 496. （模拟研究展示了英格尔提出的磷反馈是如何调节氧气含量的。）

Watson, A. , Lovelock, J. E. , Margulis, L. , 1978. Methanogenesis, fires and the regulation of atmsopheric oxygen. *Biosystems* 10, 293 - 298. （关于氧浓度对燃烧的影响的首次研究。）

第六章

Brasier, M. D. , Green, O. R. , Jephcoat, A. P. , Kleppe, A. K. , van Krankendonk, M. J. , Lindsay, J. F. , Steele, A. , Grassineau, N. V. , 2002. Questioning the evidence for Earth's oldest fossils. *Nature* 416, 76 - 81. （本文标志着马丁·布拉席尔对比尔·邵普夫的34.5亿年前微化石的生物起源的首次攻击。）

Brasier, M. D. , Green, O. R. , Lindsay, J. F. , McLoughlin, N. , Steele, A. , Stoakes, C. , 2005. Critical testing of earth's oldest putative fossil assemblage from the similar to 3.5 Ga Apex Chert, Chinaman Creek, Western Australia. *Precambrian Research* 140, 55 - 102. （本文是布拉席尔对邵普夫的回应,此前邵普夫回应了布拉席尔对于邵普夫研究化石的评论文章。布拉席尔用拉曼光谱等多种方法论证了顶部燧石的"化石"在来源上是非生物的。）

Rosing, M. T. , 1999. ^{13}C-depleted carbon microparticles in $>$ 3700-Ma sea-floor sedimentary rocks from West Greenland.

Science 283，674 - 676.（米尼克·罗辛展示了关于格陵兰岛伊苏阿的古代沉积岩里生命的碳同位素证据。）

Schopf，J. W.，1993. Microfossils of the early Archean Apex Chert：New evidence of the antiquity of life. *Science* 260，640 - 646.（比尔·邵普夫展示了他在西澳大利亚州 34.5 亿年前的顶部燧石上发现的可能是蓝细菌微化石的标志性图像。）

Schopf，J. W.，Kudryavtsev，A. B.，2009. Confocal laser scanning microscopy and Raman imagery of ancient microscopic fossils. *Precambrian Research* 173，39 - 49.（邵普夫提供了更多激光拉曼光谱证据，证明来自顶部燧石的结构是古老的微生物化石。）

Schopf，J. W.，Kudryavtsev，A. B.，2012. Biogenicity of Earth's earliest fossils：A resolution of the controversy. *Gondwana Research* 22，761 - 771.（邵普夫和库德里亚采夫为顶部燧石生物起源提供进一步的证据。）

Schopf，J. W.，Kudryavtsev，A. B.，Agresti，D. G.，Wdowiak，T. J.，Czaja，A. D.，2002. Laser-Raman imagery of Earth's earliest fossils. *Nature* 416，73 - 76.（邵普夫使用拉曼光谱反驳布拉席尔的观点，即邵普夫最初在顶部燧石中获得的结构是非生物成因的。）

Summons，R. E.，Bradley，A. S.，Jahnke，L. L.，Waldbauer，J. R.，2006. Steroids，triterpenoids and molecular oxygen. *Philosophical Transactions of the Royal Society* B 361，951 - 968.（关于氧气在甾醇合成中的作用的精彩综述。）

Van Kranendonk，M. J.，2006. Volcanic degassing，hydrothermal circulation and the flourishing of early life on Earth：A review of the evidence from c. 3490 - 3240 Ma rocks of the Pilbara Supergroup，Pilbara Craton，Western Australia. *Earth-*

Science Reviews 74，197－240.（本文包括关于含有顶部燧石的岩石的热液成因证据的综述。）

Vernadsky，V. I.，1998. The Biosphere. Springer-Verlag New York，New York.（论述生命在形成地球圈和大气层中的作用的经典著作。）

Waldbauer，J. R.，Newman，D. K.，Summons，R. E.，2011. Microaerobic steroid biosynthesis and the molecular fossil record of Archean life. Proceedings of the National Academy of Sciences of the United States of America 108，13409－13414.（本研究证明需氧生物合成类固醇只需微量的氧气,令人印象深刻。）

Waldbauer，J. R.，Sherman，L. S.，Sumner，D. Y.，Summons，R. E.，2009. Late Archean molecular fossils from the Transvaal Supergroup record the antiquity of microbial diversity and aerobiosis. Precambrian Research 169，28－47.（在 24.6 亿到 26.7 亿年前的岩石中进行生物标志物（包括甾烷）及其与氧气关系的精彩研究。）

第七章

Anbar，A. D.，Duan，Y.，Lyons，T. W.，Arnold，G. L.，Kendall，B.，Creaser，R. A.，Kaufman，A. J.，et al.，2007. A whiff of oxygen before the Great Oxidation Event? Science 317，1903－1906.（对 25 亿年前的麦克雷山页岩的地球化学进行了详细的观察,显示了大氧化事件之前地球大气轻度氧化的证据。本文提出了"一丝丝"氧气一词。）

Farquhar，J.，Bao，H. M.，Thiemens，M.，2000. Atmospheric influence of Earth's earliest sulfur cycle. Science 289，756－758.（一篇改变游戏规则的论文,展示了大氧化事件之前非质

量硫同位素信号的常见出现,以及大氧化事件之后该信号的消失。大氧化事件之前大气中低氧气含量的最佳可用证据。)

Farquhar,J.,Savarino,J.,Airieau,S.,Thiemens,M. H.,2001. Observation of the wavelength-sensitive mass-dependent sulfur isotope effects during SO_2 photolysis:Implications for the early atmosphere. *Journal of Geophysical Research* 106,32829 – 32839.(巧妙的光化学实验将非质量硫同位素信号与紫外线辐射光化学反应联系起来。)

Frimmel,H. E.,2005. Archaean atmospheric evolution:Evidence from the Witwatersrand gold fields,South Africa. *Earth-Science Reviews* 70,1 – 46.(威特沃特斯兰德矿中砂岩型铀矿和黄铁矿的现代评述及其与大气演化的关系。)

Holland,H. D.,1962. Model for the evolution of the Earth's atmosphere,in:Engel,A. E. J.,James,H. L.,Leonard,B. F. (eds.),*Petrologic Studies:A Volume in Honor of A. F. Buddington.* Geological Society of America,Boulder,CO,pp. 447 – 477.(这篇令人惊叹的论文阐述了迪克·霍兰德关于大气中氧气浓度演化的早期思想。本文为迪克·霍兰德今后的许多工作奠定了基础。)

Holland,H. D.,1984. *The Chemical Evolution of the Atmosphere and Oceans.* Princeton University Press,Princeton,NJ.(概述迪克从 1984 年起对大气和海洋化学演变观点的经典著作,现仍被广泛采用。)

Holland,H. D.,2009. Why the atmosphere became oxygenated:A proposal. *Geochimica et Cosmochimica Acta* 73,5241 – 5255.(为大氧化事件提供合理解释的精彩论文。)

Pavlov,A. A.,Kasting,J. F.,2002. Mass-independent

fractionation of sulfur isotopes in Archean sediments: Strong evidence for an anoxic Archean atmosphere. *Astrobiology* 2，27 - 41.（大气化学模型校准了产生非质量硫同位素分馏效应所需的氧气含量。）

Phillips，G. N.，Law，J. D. M.，Myers，R. E.，2001. Is the redox state of the Archean atmosphere constrained? *SEG Newsletter* 47，8 - 18.（本文对威特沃特斯兰德铀矿和黄铁矿的碎屑来源持怀疑态度。）

Rasmussen，B.，Buick，R.，1999. Redox state of the Archean atmosphere: Evidence from detrital heavy minerals in ca. 3250 - 2750 Ma sandstones from the Pilbara Craton，Australia. *Geology* 27，115 - 118.（本文提出了更多关于太古宙时期的黄铁矿碎屑和铀矿的证据。）

Utter，T.，1980，Rounding of ore particles from the Witwatersrand gold and uranium deposit（South Africa）as an indicator of their detrital origin. *Journal of Sedimentary Petrology* 71 - 76.（威特沃特斯兰德铀矿碎屑和黄铁矿颗粒的清晰的扫描电子显微镜图片和岩相学研究。）

Wille，M.，Kramers，J. D.，Nagler，T. F.，Beukes，N. J.，Schroder，S.，Meisel，T.，Lacassie，J. P.，Voegelin，A. R.，2007. Evidence for a gradual rise of oxygen between 2.6 and 2.5 Ga from Mo isotopes and Re-PGE signatures in shales. *Geochimica et Cosmochimica Acta* 71，2417 - 2435.（在大氧化事件之前首次提出关于"一*丝丝*"氧气的地球化学证据。）

第八章

Catling，D. C.，Claire，M. W.，2005，How the Earth's

atmosphere evolved to an oxic state: A status report. *Earth and Planetary Science Letters* 237, 1 – 20. （对 2005 年以前大气中氧气调节控制研究的详细总结和对大氧化事件的详细解释。）

Catling, D. C., Zahnle, K. J., McKay, C. P., 2001. Biogenic methane, hydrogen escape, and the irreversible oxidation of early life. *Science* 293, 839 – 843. （卡特林和同事们利用一个非常巧妙的模型来解释大氧化事件,通过甲烷光解产生氢气的累积效应和氢气释放的损失,从而导致表面环境的氧化。）

Cloud, P. E., 1968. Atmospheric and hydrospheric evolution on the primitive earth. *Science* 160, 729 – 736. （具有"重大思想"的论文,概述了地球的化学进化和生物进化的主要阶段。）

Cloud, P. E., Jr., 1972. A working model of the primitive Earth. *American Journal of Science* 272, 537 – 548. （基于 1968 年发表的论文中提出的观点。）

Crowell, J. C., 1995. Preston Cloud, 1912 – 1991: A biographical memoir, in: *Biographical Memoirs*. National Academy of Sciences Press, Washington, DC, pp. 43 – 63. （普雷斯顿·克劳德的有趣传记。）

Guo, Q. J., Strauss, H., Kaufman, A. J., Schroder, S., Gutzmer, J., Wing, B., Baker, M. A., et al., 2009. Reconstructing Earth's surface oxidation across the Archean-Proterozoic transition. *Geology* 37, 399 – 402. （利用休伦冰河时期沉积岩中的硫同位素证据来细分大氧化事件的发生时间。）

Holland, H. D., 1994. Early Proterozoic atmospheric change, in: Bengston, S. (ed.), *Early Life on Earth*. Columbia University Press, New York, NY, pp. 237 – 244. （对大氧化事件证据的一个很好的总结。）

Holland，H. D.，2009. Why the atmosphere became oxygenated：A proposal. *Geochimica et Cosmochimica Acta* 73，5241 - 5255.（霍兰德对大氧化事件的"滴定"建议，当来自地幔的还原性气体的流量低于通过有机碳和黄铁矿埋藏释放氧气的速率时，氧气含量上升。）

Karhu，J. A.，Holland，H. D.，1996. Carbon isotopes and the rise of atmospheric oxygen. *Geology* 24，867 - 870.（区分拉马甘迪同位素事件的碳同位素证据的汇编，最初被认为是大氧化事件的起因。）

Kasting，J. F.，Eggler，D. H.，Raeburn，S. P.，1993. Mantle redox evolution and the oxidation state of the archean atmosphere. *Journal of Geology* 101，245 - 257.（在一个巧妙的提议中，卡斯汀和同事们提出，在地球早期时期地幔的还原性程度更高，即使在蓝细菌产生氧气的情况下，也能使大气层处于还原状态。）

Kirschvink，J. L.，Kopp，R. E.，2008. Palaeoproterozoic ice houses and the evolution of oxygen-mediating enzymes：The case for a late origin of photosystem Ⅱ. *Philosophical Transactions of the Royal Society B* 363，2755 - 2765.（在这篇文章中，克什维克和柯普认为大氧化事件是大约23亿年前蓝细菌进化的结果，他们讨论并否定了蓝细菌在早于这一时期就存在的证据。）

Kump，L. R.，Kasting，J. F.，Barley，M. E.，2001. Rise of atmospheric oxygen and the "upside-down" archean mantle. *Geochemistry Geophysics Geosystems* 2，paper number 2000GC000114.（坎普赫和同事们将大氧化事件与地幔翻转联系起来，在地幔翻转中，火山气体来自比之前大气还原时更多的氧化源区。）

Sekine, Y., Suzuki, K., Senda, R., Goto, K. T., Tajika, E., Tatad, R., Goto, K., et al., 2011, Osmium evidence for synchronicity between a rise in atmospheric oxygen and Paleoproterozoic degalciation. *Nature Communications* 2. doi: 10.1038/ncomms1507.（提供了大氧化事件导致锇迁移证据的优秀研究。）

第九章

Arnold, G. L., Anbar, A. D., Barling, J., Lyons, T. W., 2004. Molybdenum isotope evidence for widespread anoxia in mid-Proterozoic oceans. *Science* 304,87 – 90.（关于钼同位素可以限制古海洋缺氧环境的第一篇论文。）

Bekker, A., Slack, J. F., Planavsky, N., Krapez, B., Hofmann, A., Konhauser, K. O., Rouxel, O. J., 2010. Iron formation: The sedimentary product of a complex interplay among mantle, tectonic, oceanic, and biospheric processes. *Economic Geology* 105, 467 – 508.（关于条带状含铁建造的一篇现代综述。）

Cameron, E. M., 1982. Sulphate and sulphate reduction in early Precambrian oceans. *Nature* 296, 145 – 148.（在大氧化事件后发现硫同位素分馏效应提高,并假设海水硫酸盐浓度上升。）

Canfield, D. E., 1998. A new model for Proterozoic ocean chemistry. *Nature* 396, 450 – 453.（本文认为大气的氧化作用使海洋变得更加硫化,导致溶解铁的大量清除,从而结束了条带状含铁建造的沉积。）

Canfield, D. E., 2005. The early history of atmospheric oxygen: Homage to Robert M. Garrels. *Annual Review of Earth and Planetary Science* 33, 1 – 36.（回顾大气氧气的历史及其浓度

调节的过程。)

Canfield, D. E., Poulton, S. W., Knoll, A. H., Narbonne, G. M., Ross, G., Goldberg, T., Strauss, H., 2008. Ferruginous conditions dominated later Neoproterozoic deep-water chemistry. *Science* 321, 949 - 952.（关于新元古代广泛分布的富铁深海海洋条件的文献。）

Canfield, D. E., Teske, A., 1996. Late Proterozoic rise in atmospheric oxygen concentration inferred from phylogenetic and sulphur-isotope studies. *Nature* 382,127 - 132.（新元古代大气氧浓度上升的硫同位素证据。）

Frei, R., Gaucher, C., Poulton, S. W., Canfield, D. E., 2009. Fluctuations in Precambrian atmospheric oxygenation recorded by chromium isotopes. *Nature* 461, 250 - 253.（使用铬同位素记录海洋氧化作用的波动,特别是拉马甘迪同位素漂移后发生的极低氧气含量的情况。）

Holland, H. D., 2002. Volcanic gases, black smokers, and the great oxidation event. *Geochimica et Cosmochimica Acta* 66, 3811 - 3826.（文中迪克·霍兰德根据磷的可用性提供了大氧化事件与拉马甘迪同位素漂移之间的可能联系。）

Holland, H. D., 2004. The geologic history of seawater, in: Holland, H. D., Turekian, K. K. (eds.), *Treatise on Geochemistry*. Elsevier, Amsterdam, pp. 583 - 625.（一篇优秀、详实的综述,尤其是霍兰德在文中计算了广阔大陆架上地表水中亚铁离子的存在如何限制大气中的氧浓度。）

Planavsky, N. J., McGoldrick, P., Scott, C. T., Li, C., Reinhard, C. T., Kelly, A. E., Chu, X., et al., 2011. Widespread iron-rich conditions in the mid-Proterozoic ocean. *Nature* 477,

448 – 451. （中元古代海洋环境大范围富铁情况的证明。）

Poulton，S. W.，Canfield，D. E.，Fralick，P.，2004. The transition to a sulfidic ocean ～ 1.84 billion years ago. *Nature* 431，173 – 177. （冈弗林特含铁建造沉积后，海洋环境从条带状含铁建造向硫化状态转变的证明。）

Poulton，S. W.，Fralick，P. W.，Canfield，D. E.，2010. Spatial variability in oceanic redox structure 1.8 billion years ago. *Nature Geoscience* 3，486 – 490. （记录了冈弗林特含铁建造沉积期间和之后的海洋化学的二维结构。结果表明，海洋的硫化状态从海岸延伸了约 100 公里，在那里形成了富铁状态。）

Raiswell，R，Canfield，D. E.，2012，The iron biogeochemical cycles past and present. *Geochemical Perspectives* 1，1 – 220. （过去和现在的铁的生物化学循环，也与雷斯威尔和坎菲尔德的整个职业生涯有关。）

Sarmiento，J. L.，Herbert，T. D.，Toggweiler，J. R.，1988. Causes of anoxia in the world ocean. *Global Biogeochemical Cycles* 2，115 – 128. （简单、美观的深海海洋氧化作用控制模型。）

Shen，Y.，Knoll，A. H.，Walter，M. R.，2003. Evidence for low sulphate and anoxia in a mid-Proterozoic marine basin. *Nature* 423，632 – 635. （文中指出在澳大利亚北领地约 15 亿年前的海洋盆地长期处于深海硫酸盐化状态。）

Slack，J. F.，Grenne，T.，Bekker，A.，Rouxel，O. J.，Lindberg，P. A.，2007. Suboxic deep seawater in the late Paleoproterozoic：Evidence from hematitic chert and iron formation related to seafloor-hydrothermal sulfide deposits，central Arizona，USA. *Earth and Planetary Science Letters* 255，243 – 256. （文中表明古元古代晚期海洋深海尚未硫酸盐化。）

Wilkinson，B. H.，McElroy，B. J.，Kesler，S. E.，Peters，S. E.，Rothman，E. D.，2009. Global geologic maps are tectonic speedometers：Rates of rock cycling from area-age frequencies. *Geological Society of America Bulletin* 121，760 - 779.（对岩石保存进行现代分析，作为年代记录的依据。）

第十章

Billings，E.，1872. On some fossils from the Primordial rocks of Newfoundland. *The Canadian Naturalist* 4，465 - 479.（关于埃迪卡拉动物群的首次描述。）

Bjerrum，C. J.，Canfield，D. E.，2011. Towards a quantitative understanding of the late Neoproterozoic carbon cycle. *Proceedings of the National Academy of Sciences of the United States of America* 108，5542 - 5547.（基于甲烷循环的非稳态作用解释新元古代同位素大幅负漂移的模型。）

Butterfield，N. J.，2011. Animals and the invention of the Phanerozoic Earth system. *Trends in Ecology and Evolution* 26，81 - 87.（关于动物如何塑造地球化学环境的观点。）

Canfield，D. E.，Poulton，S. W.，Knoll，A. H.，Narbonne，G. M.，Ross，G.，Goldberg，T.，Strauss，H.，2008. Ferruginous conditions dominated later Neoproterozoic deep water chemistry. *Science* 321，949 - 952.（本文显示新元古代深海海域富铁状况广泛形成。）

Canfield，D. E.，Poulton，S. W.，Narbonne，G. M.，2007. Late-Neoproterozoic deep-ocean oxygenation and the rise of animal life. *Science* 315，92 - 95.（本文显示大约 5.8 亿年前阿瓦隆半岛深海的氧化作用。）

Dahl，T. W.，Hammarlund，E. U.，Anbar，A. D.，Bond，D. P. G.，Gill，B. C.，Gordon，G. W.，Knoll，et al.，2010. Devonian rise in atmospheric oxygen correlated to the radiations of terrestrial plants and large predatory fish. *Proceedings of the National Academy of Sciences of the United States of America PNAS* 107，17911 – 17915.（钼同位素证据被用于支持新元古代大气氧浓度上升以及后来在泥盆纪的上升。）

Derry，L. A.，Jacobsen，S. B.，1990. The chemical evolution of precambrian seawater：Evidence for REEs in banded iron formation. *Geochimica et Cosmochimica Acta* 54，2965 – 2977.（巧妙应用多元同位素体系计算新元古代有机碳埋藏率。）

Knoll，A. H.，2011. The multiple origins of complex multicellularity. *Annual Review of Earth and Planetary Sciences* 39，217 – 239.（通过对动物早期进化的精彩讨论，探索不同群体或生物体之间多细胞性的进化。）

Knoll，A. H.，Hayes，J. M.，Kaufman，A. J.，Swett，K.，Lambert，I. B.，1986. Secular variation in carbon isotope ratios from Upper Proterozoic successions of Svalbard and East Greenland. *Nature* 321，832 – 838.（首次表明新元古代有机碳埋藏率较高的碳同位素记录。）

Narbonne，G. M.，2005. The Ediacara biota：Neoproterozoic origin of animals and their ecosystems. *Annual Review of Earth and Planetary Science* 33，421 – 442.（关于埃迪卡拉动物群的优秀综述。）

Nursall，J. R.，1959. Oxygen as a prerequisite to the origin of the metazoa. *Nature* 183，1170 – 1172.（关于大气氧浓度历史与动物进化之间关系的早期讨论。）

Rothman，D. H.，Hayes，J. M.，Summons，R. E.，2003. Dynamics of the Neoproterozoic carbon cycle. *Proceedings of the National Academy of Sciences of the United States of America* 100，8124 - 8129.（对新元古代碳同位素大幅漂移的巧妙分析,认为它们起源于大量海洋溶解有机碳的周期性氧化。）

Runnegar，B.，1982. Oxygen requirements，biology and phylogenetic significance of the late Precambrian worm *Dickinsonia*，and the evolution of the burrowing habit. *Alcheringa* 6，223 - 239.（本文根据埃迪卡拉化石狄更逊水母的生理需求计算,试图在动物生命初期限制大气中的氧气含量。）

Seilacher，A.，1992. Vendobionta and Psammocorallia：Lost constructions of Precambrian evolution. *Journal of the Geological Society of London* 149，607 - 613.（赛拉赫提出关于埃迪卡拉动物群生物亲和性的建议。）

Shen，Y.，Zhang，T.，Hoffman，P. F.，2008. On the coevolution of Ediacaran oceans and animals. *Proceedings of the National Academy of Sciences of the United States of America* 105，7376 - 7381.（文中显示了大约 5.8 亿年前深海氧化作用的发展。）

Sahoo，S. K.，Planavsky，N. J.，Kendall，B.，Wang，X.，Shi，X.，Scott，C.，Anbar，A. D.，et al.，2012. Ocean oxygenation in the wake of the Marinoan glaciation. *Nature* 489，546 - 549.（文中提供了 6.3 亿年前马里诺冰川作用后海洋氧化的证据。）

Sprigg，R. C.，1947. Early Cambrian（？）jellyfish from the Flinders Ranges，South Australia. *Transactions of the Royal Society of South Australia* 71，212 - 224.（文中在地图上标记出埃迪卡拉化石。）

第十一章

Bergman，N. M.，Lenton，T. M.，Watson，A. J.，2004. COPSE：A new model of biogeochemical cycling over Phanerozoic time. *American Journal of Science* 304,397 - 437.（基于有限数量输入"驱动因素"的显生宙演化的同位素独立模型。）

Berner，R. A.，1987. Models for carbon and sulfur cycles and atmospheric oxygen：Application to peleozoic geologic history. *American Journal of Science* 287,177 - 196.（鲍勃·伯纳首次尝试建立氧气调节模型,介绍了"快速回收再循环"的观点。）

Berner，R. A.，2006. GEOCARBSULF：A combined model for Phanerozoic atmospheric O_2 and CO_2. *Geochimica et Cosmochimica Acta* 70，5653 - 5664.（一种完全耦合氧、碳、硫的模型,具有大量输出,包括二氧化碳、氧气和各种海洋化学成分,是鲍勃·伯纳提出的最先进的模型平台。）

Berner，R. A.，Canfield，D. E.，1989. A model for atmospheric oxygen over Phanerozoic time. *American Journal of Science* 289，333 - 361.（来自岩石丰度数据的大气氧气含量水平。）

Berner，R. A.，Lasaga，A. C.，Garrels，R. M.，1983. The carbonate-silicate geochemical cycle and its effect on atmospheric carbon dioxide over the past 100 million years. *American Journal of Science* 283，641 - 683.（关于大气二氧化碳历史模型建立的经典论文。）

Butterfield，N. J.，2011. Animals and the invention of the Phanerozoic Earth system. *Trends in Ecology and Evolution* 26，81 - 87.（尼克·巴特菲尔德关于动物在形成其所处化学环境时作用的观点。）

Dahl，T. W.，Hammarlund，E. U.，2011. Do large predatory fish track ocean oxygenation? *Communicative & Integrative Biology* 4，1 - 3.（这是一项很好的模型研究，展示了鱼类的代谢速率和体型大小如何与有效氧水平相关联的。）

Dahl，T. W.，Hammarlund，E. U.，Anbar，A. D.，Bond，D. P. G.，Gill，B. C.，Gordon，G. W.，Knoll，A. H.，et al.，2010. Devonian rise in atmospheric oxygen correlated to the radiations of terrestrial plants and large predatory fish. *Proceedings of the National Academy of Sciences of the United States of America* 107，17911 - 17915.（文中展示了泥盆纪期间大气氧气含量上升的钼同位素证据。）

Garrels，R. M.，Lerman，A.，1981. Phanerozoic cycles of sedimentary carbon and sulfur. *Proceedings of the National Academy of Sciences of the United States of America* 78，4652 - 4656.（本文建立了一个研究显生宙硫循环和碳循环演化的富有洞察力的模型。）

Garrels，R. M.，Mackenzie，F. T.，1971. *Evolution of Sedimentary Rocks*. W. W. Norton，New York.（一篇真正的经典论文。通过对沉积岩成分和地质循环的基本观点介绍，总结了对板块构造的新认识。）

Harlé，é.，Harlé，A.，1911. Le vol de grands reptiles et insectes disparus semble indiquer une pression atmosphérigue élevée. *Bulletin de la Société Géologique de France* 11，118 - 121.（一篇很早的，也许是首次关于大气氧气含量和巨型昆虫的讨论。）

Harrison，J. F.，Kaiser，A.，VandenBrooks，J. M.，2010. Atmospheric oxygen level and the evolution of insect body size.

Proceedings of the Royal Society of London B 277，1937 - 1946.（关于实验系统中氧气含量如何影响昆虫体型大小的一篇优秀综述。）

Kump，L. R.，Garrels，R. M.，1986. Modeling atmospheric O_2 in the global sedimentary redox cycle. *American Journal of Science* 286，337 - 360.（第一个关于大气中氧气在地质时期演化的综合模型，基于加莱尔斯和列尔曼的建模思想而建立。）

Lamsdell，J. C.，Braddy，S. J.，2010. Cope's Rule and Romer's theory：Patterns of diversity and gigantism in eurypterids and Palaeozoic vertebrates. *Biology Letters* 6，265 - 269.（文中很好地探究了板足鲎类动物体型大小的演化史，并将其与大气中氧气含量的演化相联系。）

Ward，P. D.，2006. *Out of Thin Air*. Joseph Henry Press，Washington，DC.（探索整个显生宙大气中氧气的变化如何影响动物演化，主要是基于 GEOCARBSULF 模型的结果。）

第十二章

Kump，L. R.，2008. The rise of atmospheric oxygen. *Nature* 451，277 - 278.（关于大气中氧气历史的优秀微综述。）

图书在版编目（CIP）数据

生命之源：40亿年进化史 / (丹) 唐纳德·尤金·坎菲尔德著；
杨利民译. — 上海：上海教育出版社，2021.8
（"科学的力量"丛书 / 方成，卞毓麟主编. 第三辑）
2019年国家出版基金项目
ISBN 978-7-5720-0715-6

Ⅰ.①生… Ⅱ.①唐…②杨… Ⅲ.①生物－进化－普及读物
Ⅳ.①Q11-49

中国版本图书馆CIP数据核字(2021)第174731号

责任编辑　王俊芳
装帧设计　陆　弦

"科学的力量"丛书（第三辑）
方　成　卞毓麟　主编

生命之源——40亿年进化史
Oxygen：A Four Billion　Year History
[丹] 唐纳德·尤金·坎菲尔德　著

杨利民　译

出版发行　上海教育出版社有限公司
官　　网　www.seph.com.cn
地　　址　上海市闵行区号景路159弄C座
邮　　编　201101
印　　刷　上海盛通时代印刷有限公司
开　　本　890×1240　1/32　印张 7.5　插页 2
字　　数　187 千字
版　　次　2022年6月第1版
印　　次　2022年6月第1次印刷
书　　号　ISBN 978-7-5720-0715-6/Q·0002
定　　价　49.00 元

如发现质量问题，读者可向本社调换　电话：021-64373213